江苏省金陵科技著作出版基金

江浙皖
草地牧草图鉴

顾洪如　许能祥　主编

江苏凤凰科学技术出版社 · 南京

图书在版编目（CIP）数据

江浙皖草地牧草图鉴/顾洪如等主编. —南京：江苏凤凰科学技术出版社，2023.5
ISBN 978-7-5713-3269-3

Ⅰ. ①江… Ⅱ. ①顾… Ⅲ. ①牧草—草原资源—华东地区—图集 Ⅳ. ①S54-64

中国版本图书馆CIP数据核字（2022）第199902号

江浙皖草地牧草图鉴

主　　编　顾洪如　许能祥
责任编辑　张小平　严　琪
责任校对　仲　敏
责任监制　刘文洋

出版发行　江苏凤凰科学技术出版社
出版社地址　南京市湖南路1号A楼，邮编：210009
出版社网址　http://www.pspress.cn
照　　排　江苏凤凰制版有限公司
印　　刷　江苏凤凰数码印务有限公司

开　　本　889 mm × 1 194 mm　1/16
印　　张　29.25
字　　数　380 000
插　　页　1
版　　次　2023年5月第1版
印　　次　2023年5月第1次印刷

标准书号　ISBN 978-7-5713-3269-3
定　　价　235.00元

图书如有印装质量问题，可随时向我社印务部调换。

《江浙皖草地牧草图鉴》
编撰人员名单

主　　编： 顾洪如　许能祥

编写人员：（按姓氏笔画排序）

丁成龙　于景金　王小山　许能祥
张文洁　杨志民　吴宝成　宗俊勤
周　鹏　顾洪如　程云辉　董臣飞

致读者

社会主义的根本任务是发展生产力，而社会生产力的发展必须依靠科学技术。当今世界已进入新科技革命的时代，科学技术的进步已成为经济发展，社会进步和国家富强的决定因素，也是实现我国社会主义现代化的关键。

科技出版工作肩负着促进科技进步，推动科学技术转化为生产力的历史使命。为了更好地贯彻党中央提出的“把经济建设转到依靠科技进步和提高劳动者素质的轨道上来”的战略决策，进一步落实中共江苏省委，江苏省人民政府作出的“科教兴省”的决定，江苏凤凰科学技术出版社有限公司（原江苏科学技术出版社）于1988年倡议筹建江苏省科技著作出版基金。在江苏省人民政府、江苏省委宣传部、江苏省科学技术厅（原江苏省科学技术委员会）、江苏省新闻出版局负责同志和有关单位的大力支持下，经江苏省人民政府批准，由江苏省科学技术厅（原江苏省科学技术委员会）、凤凰出版传媒集团（原江苏省出版总社）和江苏凤凰科学技术出版社有限公司（原江苏科学技术出版社）共同筹集，于1990年正式建立了“江苏省金陵科技著作出版基金”，用于资助自然科学范围内符合条件的优秀科技著作的出版。

我们希望江苏省金陵科技著作出版基金的持续运作，能为优秀科技著作在江苏省及时出版创造条件，并通过出版工作这一平台，落实“科教兴省”战略，充分发挥科学技术作为第一生产力的作用，为全面建成更高水平的小康社会、为江苏的“两个率先”宏伟目标早日实现，促进科技出版事业的发展，促进经济社会的进步与繁荣做出贡献。建立出版基金是社会主义出版工作在改革发展中新的发展机制和新的模式，期待得到各方面的热情扶持，更希望通过多种途径不断扩大。我们也将在实践中不断总结经验，使基金工作逐步完善，让更多优秀科技著作的出版能得到基金的支持和帮助。这批获得江苏省金陵科技著作出版基金资助的科技著作，还得到了参加项目评审工作的专家、学者的大力支持。对他们的辛勤工作，在此一并表示衷心感谢！

江苏省金陵科技著作出版基金管理委员会

前　言

本书是中华人民共和国科学技术部基础性工作“南方草地牧草资源调查”项目课题之一“华东草地牧草资源调查”（2017FY100603）研究成果的总结。

“山水林田湖草生命共同体”的战略思想，阐明了草在生态文明建设中的重要地位。草地是重要的陆地生态系统，是生态文明建设的重要组成部分，草地牧草资源作为草地生态系统的关键构成者，是一种战略资源。每一种植物对于生态系统来说，都是不可或缺的，它们都有特定的生态位，其作用和功能只是因我们暂时未认识和发现而已。江浙皖三省处于暖温带与亚热带过渡地区，丘陵、山地较多，并有全国面积最多的沿海滩涂地，是我国重要的生态农业区，牧草资源丰富。随着社会和经济的迅速发展，特别是城市化的高速推进，原有的生态系统、农业生产系统及城市生态系统发生了根本性地改变或者被破坏，包括植物、动物和微生物等生物的快速消失，究其原因是人们还不能充分认识植物、动物、微生物及土壤（环境）是一个生命共同体，从而没有自觉地去维护其生态平衡以及对牧草等动植物资源进行持续保护。

课题实施期间作者团队对江浙皖区域草地牧草资源进行了大量野外调查等艰苦工作，调查工作历时5年，选取了2 000多个样点，收集了1 500多份资源，并对其进行了饲草品质分析，明确了区域内草地的牧草资源状况。作为研究成果的总结，编著出版《江浙皖草地牧草图鉴》一书，该书使专业部门和读者能够清楚了解江浙皖草地牧草资源的状况，对推动华东地区及我国南方牧草资源利用、种质创新和新品种培育，推动南方草地畜牧业的发展及美丽国土建设具有重要的支撑作用。本书吸收了植物学研究的最新成果，将原豆科按蝶形花科、云实科和含羞草科进行编排；将原鹅观草属牧草按披碱草属种处理，其他如植物学名等都依新出版《江苏植物志》（2017版）和植物智——植物物种信息系统（www.iPlant.cn）进行规范；书中收录了江浙皖三省草地常见植物220种，其中少数几种家畜不采食，但草地频见或具有饲料添加功能的，也择要收录，如青蒿等。

5年的工作，其实是一次重新学习的过程。首先，对植物学工作有了更新的认识。如植物原生境摄影，看似简单，实则非常不易。特别是微距摄影，因气候原因，常需几个小时，甚至1~2天都难以取得满意的植物照，辛苦程度可见一斑。其次，对身边常见植物也有了重新认识，加深了对课题实施重要性和迫切性的理解。由过去许多草地可饲用植物似曾相识，“君识我，而我不识君”，变成“君我相知”，不仅是认识，而且知其身份，识其价值和功能，如对苜蓿属不同植物功能的逐步认识等。

持续的新冠肺炎疫情，给项目实施带来了许多难以想象的困难，特别感谢课题参加单位和人员4年来的辛勤工作和付出，他们是江苏省中国科学院植物研究所宗俊勤副研究员、吴宝成副研究员，上海交通大学农业与生物学院安渊教授和周鹏副教授，南京农业大学草业学院杨志民教授，扬州大学动物科学技术学院王小山副教授及所在单位的团队成员。

感谢课题承担单位江苏省农业科学院畜牧研究所给课题实施和完成给予了全面支持。原牧草研究室的成员更是在人员和时间上提供了全力协助。马冉冉研究生在牧草营养成分分析方面提供了莫大帮助，许能祥副研究员在课题实施和野外调查中付出了常人难以想象的艰辛，而从未有半句怨言。

谨以此书献给江苏省农业科学院成立90周年，同时也作为我从事草业研究40年的纪念。由于编写水平有限，错误之处在所难免，敬请读者指正。

顾洪如
2022年5月于南京

目 录

云实科

蝶形花科

菊 科

藜　科

蓼 科

十字花科

莎草科

荨麻科

苋　科

马齿苋科

牻牛儿苗科

大戟科

伞形科

白花丹科

唇形科

茄　科

玄参科

车前科

茜草科

鸭跖草科

柳叶菜科

第一章 概述

长江三角洲区域的江苏、上海、浙江和安徽三省一市，地处亚热带湿润区及暖温带向亚热带的过渡区，该区域气候温和，水热条件好，雨热同期，无霜期长，自然灾害少，生态条件好，适合植物和牧草生长。因地形地貌等原因，江浙皖三省的草地分布较零散，成片分布的草地面积较少。由于江浙皖三省区域主要处于暖温带向亚热带的过渡地区，因此在这区域冷季型牧草处于南方界限边缘，同样暖季型牧草处于北方界限的边缘，同时丘陵、山地较多，且有占全国面积最多的沿海滩涂地，牧草生态型的差异大，耐湿、耐热、耐盐等多适应性牧草资源丰富。而上海市由于社会经济发展，因此境内已无大片自然草地。

第一节　江苏省草地牧草资源

江苏省地处江淮平原，面积10.26万平方千米。地形以平原为主，平原面积7万平方千米，占全省面积的70%。江苏省素有“一山两水七分田”之说，地形地势低平，河湖较多。低山丘陵集中在北部和西南部，占全省总面积的14.3%。沿海滩涂面积68.7万公顷，占全国的1/4。

江苏省属于温带向亚热带的过渡性气候。年均降水量720～1 210毫米。年均气温13～16 ℃，由东北向西南逐渐增高。最冷月份为1月，平均气温 -1.0～3.3 ℃，其等温线与纬度平行，由南向北递减。7月为最热月份，沿海部分地区和里下河腹地最热月份为8月，平均气温26.0～28.8 ℃，其等温线与海岸线平行，温度由沿海向内陆增加。

江苏省地跨纬度4° 以上，自北向南气温和降水量呈递增趋势，植物分布也呈现出明显的纬度地带性，植物种类的组成由简单逐渐变为复杂。江苏省有较长的海岸线，拥有丰富的沿海滩涂、沙滩和湿地，由于沿海地带水分和土壤盐分从大海向陆地有规律的变化，植物的分布也表现出相应的水平地带性渐变。江苏省内无高山，因此植物的垂直地带性分布不明显。

一、江苏省主要草地类型和分布

江苏省草地分为暖性草丛类、暖性稀树灌草丛类、热性草丛类、热性灌草丛类和低平地草甸类等5类。

暖性草丛类分布于北部丘陵岗地，属平原丘陵草丛亚类。

暖性稀树灌草丛类分布于北部丘陵阳坡和半阳坡，属平原丘陵稀树灌草丛亚类。

热性草丛类分布于西南部宜溧丘陵和宁镇扬丘陵，为平原丘陵草丛亚类。

热性灌草丛类分布于江南丘陵阴坡，属平原丘陵灌丛亚类。

低平地草甸类有水泛地草甸和滩涂盐生草甸2个亚类，水泛地草甸类主要分布在一些湖滩、水库和河滩四周。滩涂盐生草甸类分布于东部沿海县（市）海岸带。

沿海滩涂湿地植物多样性丰富，频度高的牧草资源为芦苇、大米草、盐地碱蓬、白茅、草木樨、野大豆、田菁和钻形紫菀等。其在江苏沿海的灌云、东台、大丰、射阳、滨海、响水、如东、启东等8个县（区）的滩涂湿地广泛分布，群落盖度也大多超过50%，很多盐碱地的代表群落如大米草群落、碱蓬群落都是单优势种群落。有些群落生境比较特殊，如砂引草群落、肾叶打碗花群落基本生活在沙质海滩上。调查中没有见到大面积的獐毛群落、大穗结缕草群落，只有零星的分布，原因可能是沿海滩涂的大开发影响了植物的生境，使本来很多的生物群落变得少见。

大米草、互花米草群落主要生长在淤泥质滩涂湿地上，耐盐、耐淹没，盖度80%～90%，伴生种主要是盐生和耐盐生植物，如碱蓬、盐地碱蓬、芦苇、灰绿藜、茵陈蒿、羊蹄和齿果酸模等。

拂子茅为多年生草本，有根状茎，株高45～100厘米，喜生在中度的盐渍化土壤里，盖度40%～90%，在盐碱地形成大片群落。常见伴生种有茵陈蒿、草木樨、碱蓬、匍茎苦菜、牛筋草、芦苇、狗尾草、狗哇花、一年蓬和刺儿菜等。同时多见有密花拂子茅小片分布或和拂子茅伴生，但多数还是作为建群种形成纯群落，群落盖度最大达90%以上。

碱茅为多年生草本，从生，直立或基部膝曲。在盐碱地生长茂盛，耐盐性强，是盐碱地的指示植物。株高30～50厘米，有时成为建群种，盖度40%～60%。生长于河谷草甸、水溪边、田边。伴生种主要有碱蓬、盐地碱蓬、灰绿藜和狗尾草等。

暖性草丛草地（徐州）

热性草丛草地（南京）

热性灌草丛类（南京）

江苏射阳滩涂盐生草地

碱蓬主要生长在月潮淹没带至潮上带，一般紧接着大米草群落生长。碱蓬株高 30 ～ 150 厘米，盐地碱蓬株高 20 ～ 80 厘米，有时也分别形成群落。常见伴生种有盐角草、大穗结缕草、碱菀、二色补血草、小芦苇、獐毛、羊蹄、齿果酸模、匍茎苦菜、羊蹄、茵陈蒿和钻形紫菀等。

盐角草为一年生低矮草本，是一种聚盐植物，耐盐性强。在含盐量高达 0.5% ～ 6.5% 的滩涂重盐土可常见，大都作为伴生种出现。常见伴生种为碱蓬、盐地碱蓬、灰绿藜、大米草、芦苇和田菁等。

白茅为多年生植物，高 20 ～ 60 厘米，盖度 80% 以上，多生长在含水量低、坡度大的地方，路旁、沙地、山上常见，一般大片生长形成单优群落，在沿海滩涂高的海堤上分布很多，它还是盐碱地可开垦的指示植物。伴生种常见有碱菀、茵陈蒿、獐毛、虎尾草、刺果甘草、一年蓬、佛子茅和荩草等。

田菁为豆科一年生草本，耐涝、耐盐，是改良盐土地的先锋作物。高 0.5 ～ 2.0 米，在沿海滩涂地是常见植物，常在水田、水沟等潮湿地生长，盖度 50% ～ 80%。伴生种为钻形紫菀、芦苇、碱蓬、狗尾草、小白酒草、藜、匍茎苦菜、大米草、草木樨、蒙古蒿、酸模叶蓼、马唐和中华补血草等。

磨擦草为多年生高大粗壮草本。株高 1 ～ 3 米，为优质饲草。在射阳境内沿海滩涂是常见植物，常在路边、沟边等潮湿地生长，单一或与芦苇形成密度很大的群落。

碱菀为一年生草本，主要分布在盐碱地，是专性盐生植物，土壤 pH 值 8.0 ～ 9.5。生于海边湿地和盐碱地，多作为伴生种出现。

钻形紫菀为菊科一年生草本，属于喜温喜湿喜盐植物，在水边，湿度大的田边，盐碱地、荒地都有分布，一般多和其他草本夹杂着生长。常见于沟边、河边、海岸、低洼湿地。伴生种有碱蓬、盐地碱蓬、水蓼、狗尾草、空心莲子草、芦苇、碱菀、旋覆花和蒙古蒿等。

狼尾草为多年生丛生草本，高 50 ～ 100 厘米，根系发达，在江苏全境都有分布，在路旁也能见到。伴生种有芦苇、狗尾草、鹅绒藤、萝摩、刺果甘草、蒙古蒿和野大豆等。

野大豆为豆科一年生缠绕草本，渐危种，是国家二级保护植物，是家畜喜食的优质牧草。在调查中发现，江苏全境及沿海滩涂的野大豆分布广泛，一般生长在潮湿的田边、河边、沟旁、路旁、盐碱地和芦苇丛。常见伴生种有一年蓬、乌蔹莓、芦苇、构树、狗尾草和二色补血草等。

砂引草为紫草科多年生草本，花冠白色，漏斗状，开花时看上去很特别，可作观赏用，常分布于海岸沙滩和沙质盐碱地等，在滨海、赣榆等沙滩上有群落出现。

其他草地类包括林隙地和农隙地。

江苏省其他自然草地主要分布在徐淮地区和宁镇丘陵区的 18 个市（区、县），其中铜山、句容、宜兴、六合和江宁的面积最大，现有面积 7 066.7 公顷；另有以大米草和互花米草为主的滩涂盐生草地面积 8.3 万多公顷。自然草地的牧草种类主要以黄背草、狗牙根、假俭草、结缕草、白茅和芦苇为主，以及白羊草、细毛鸭嘴草、荩草为主的零星草地。

二、主要牧草种及分布

（1）徐淮地区 包括淮河及灌溉总渠以北地区。含徐州、连云港、宿迁及淮阴 4 个市。主要为暖性草丛草类、暖性稀树灌草丛类草地。

徐州市域内植物与鲁中南地区的关系密切，其地带性植被为落叶阔叶林，饲用灌木有截叶铁扫帚和毛掌叶锦鸡儿。草本饲草植物以黄背草、白茅、矛叶荩草及朝阳青茅为主，还常见有翻白草和地榆等。

丘陵岗地分布有半干旱草本植被，形成以狗尾草为优势种，以白羊草为次优势种的草地，拥有许多以此为分布南界的北方草本植物，如委陵菜、补血草、少花米口袋、糙叶黄耆等。

在废黄河及大沙河两岸，到处疏生着白茅，其次为节节草、香附子、罗布麻、黄刺条锦鸡儿和中国黄耆等。

淮北平原农田隙地或抛荒地的草本组成种类简单，西伯利亚蓼、白茅常占优势地位，伴生种有狗牙根、芦苇、钻形紫菀、野大豆和拟漆姑等，其次为扁秆荆三棱、长芒棒头草、微药碱茅、灰绿藜、节节草和蒲公英等。

连云港市受海洋气候影响，区内植物呈孤岛状分布，植物种类丰富，仅次于中亚热带的宜溧山区。区内林地草本层有黄背草、橘草、野菊、桔梗和蕨等，在山顶阳坡主要分布黄背草、细柄草、翻白草、地榆和委陵菜等。拥有江苏仅有的沙生植被。为天然的海滩沙生植被，砂引草群落见于海边沙滩的外缘，伴生种有苍耳、沙苦荬菜、蒺藜草和龙牙草，矮生薹草出现于砂引草群落的内缘，并伴生有达呼里胡枝子、无翅猪毛草等。还有白茅、矮生薹草和香附子群落。

（2）滨海盐土盐蒿、獐毛区 包括盐城市全部和南通市的沿海市（区、县）。主要为滩涂盐生草甸草地。

江苏沿海滨海盐土植被，沿海堤内外呈带状分布，以藜科、禾本科和菊科植物为基本建群种，组成种类简单，优势种显著，通常为单优势种。由海向陆依次为盐地碱蓬、碱蓬、大穗结缕草，局部有獐毛、白茅、拂子茅、中华补血草、盐角草、鸦葱及拟漆姑等盐生植物。

在潮间带，内陆滩地及海堤内常年浅薄积水低地及河流、沟渠边，由禾本科、莎草科及香蒲科植物为基本建群种形成沼生盐土植被，依次以互花米草、大米草、短叶茳芏、糙叶薹草、扁秆藨草、芦苇和水烛为优势种。

（3）里下河地区 主要为水泛地草甸草地。

浅水湖滨沼生植被常以芦苇、菰、双穗雀稗和假稻为主，其次是三白草、蒌蒿、牛鞭草、车前和野大豆等。

（4）宁镇丘陵区 包括西南部宜溧丘陵、宁镇丘陵和盱眙的西南部丘陵地带。主要为热性草丛类、热性灌草丛类草地。

草本层中饲草主要有假俭草、结缕草、狗牙根、黄背草、橘草、野古草、细毛鸭嘴草、荩草、求米草、地榆、野菊、野青茅、马兰、紫花地丁、野大豆、白茅和美丽胡枝子等。

江南丘陵区常见草本有猪殃殃、碎米荠、荩草、淡竹叶、早熟禾、麦冬和青绿薹草等。在山顶土层较薄或原生植被破坏严重的山坡地，有野古草、黄背草、橘草、扭鞘香茅、细柄草和艾蒿等。

第二节　浙江省草地牧草资源

浙江省地处亚热带季风气候区，面积 10.55 万平方千米。地形以丘陵、山脉、平原为主。土壤以黄壤和红壤为主，占全省面积 70% 以上。在沿海有盐土和脱盐土分布。浙江省地形自西南向东北呈阶梯状倾斜，西南以山地为主，中部以丘陵为主，东北部是低平的冲积平原，“七山一水两分田”是浙江省地形的概貌。浙江省降水充沛，年均降水量为 980 ～ 2 000 毫米。气候总的特点是季风显著，四季分明，年气温适中，年平均气温 17.5 ～ 18.6 ℃，光照较多，雨量丰沛，空气湿润，雨热季节变化同步，气候资源配置多样，气象灾害繁多。

浙江省自然草地主要分布在浙西、浙南、浙东丘陵山地一带，在丽水、台州、温州等市的 35 个市（区、县）。这一带的草地面积占全省草地面积的 75.5%。在浙中金衢盆地以热性灌草丛草地为主。浙北、浙东平原、东南沿海平原、岛屿地带草地资源较少，以附带草场和草甸草场为主。2017 年草地状况调查，存草地 7.22 万公顷。

五节芒热性灌草丛类草地（浙江常山）

水泛地草甸

一、主要草地类型和分布

浙江省草地主要有热性灌草丛类、热性草丛类、山地草甸类和低地草甸类等 4 类。

热性灌草丛类草地主要分布在金华、衢州盆地地带。

热性草丛类草地主要分布在丽水、台州、温州等地区 35 个市（区、县）的山区和半山区。

山地草甸类主要为高山沼泽湿地草甸，主要分布在浙江中南部的武义、临安、景宁、青田等地区。

低地草甸类中，水泛地草甸分布区域主要在始丰溪流域、瓯江流域、钱塘江流域等沿河河滩。滩涂盐生草甸集中分布于宁波、台州、温州地区的沿海海岸带。平原草甸草场数量极少，呈零星分布。

二、主要牧草种及分布

浙江省热性草丛类草地一般以中生或旱中生的草本植物为主。数量多分布广的主要是禾本科牧草，如五节芒、白茅、野古草、细柄草、狗尾草、马唐、硬秆子草、黄背草、纤毛鸭嘴草等，多分布于草山草坡草地；豆科较少，主要有胡枝子、葛藤、马棘、截叶铁扫帚、野大豆等。

亚热带丘陵山地热性灌草丛常见牧草种类约 50 多种。禾本科牧草主要有五节芒、芒、白茅、野古草、金茅、四脉金茅、黄背草、橘草、狗尾草、鼠尾粟、鸭嘴草、野燕麦、画眉草、狗牙根等。豆科有葛、山蚂蟥、胡枝子等和菊科的一年蓬、野塘蒿等。莎草科薹草属等植物分布也较普遍。

滨海草甸草地多为大米草、白茅、芦苇、田菁和狗牙根等，分布于宁波、台州、温州一带的沿海地区。

农隙地草地的植被类型复杂，以禾本科为主，主要有狗牙根、早熟禾、看麦娘、白茅、马唐、荩草、牛筋草、空心莲子草、车前、雀稗等。

第三节　安徽省草地牧草资源

安徽省地处暖温带与亚热带过渡地区，气候温暖湿润。面积 14.01 万平方千米。平原、台地（岗地）、丘陵、山地等类型多样，全省分淮河平原区、江淮台地丘陵区、皖西丘陵山地区、沿江平原区、皖南丘陵山地 5 个地貌区。气温一般南高于北，全省年平均气温 15.7 ～ 17.0 ℃，1 月平均气温 0 ～ 4 ℃，7 月平均气温 27 ～ 29 ℃。无霜期 200 ～ 250 天。全省年均降水量约 1 308.9 毫米，地区分布一般南部多于北部，山地多于平原。由于季风和梅雨的不稳定性，所以各地历年最大和最小降水量可相差 1 ～ 3 倍。

安徽省草地植被类型多样，植物组成地带性特点显著，草地表现为明显的地域性分布。草地主要分布在淮北平原的丘陵、山地及江淮丘陵的部分地区。现存较大面积的草地主要分布在皖东丘陵地区的凤阳山、张八岭、岱山、大赖山、长山、大柳草场和黄寨草场；淮北市、萧县在皇藏裕国家森林地周围分布有草地；而在长江沿岸地区、大别山区和皖南山区等地的草地较为稀少。根据中国科学院遥感与数字地球研究所 2017 年安徽省草地遥感调查，安徽全省草地面积为 94.41 万公顷。

一、主要草地类型及分布

安徽省主要草地类型和江苏省相似。在皖北和中东部主要为暖性草丛草类、暖性灌草丛类，淮河以南主要为热性草丛类和热性灌草丛类草地。另外全省各地还零星分布有低地草甸类、沼泽草地类。

安徽全省共有 22 种不同的草地类型，其中主要有白茅、白羊草、狗牙根和假俭草、黄背草、结缕草、芒、野古草、莎草和杂类草及临时草地，面积约为 71.14 万公顷，占全部草地面积的 75.35%（表 1）。安徽草地野生牧草可为家畜采食的约有 140 种。

表 1　安徽省不同草地类型及分布

草地类型	面积 / 公顷	面积占比 /%	分布区域
白茅	213 499.2	22.61	安徽全省
白羊草	20 963.5	2.22	西北部及中部
狗牙根、假俭草	135 306.3	14.33	安徽全省，但东北部较少
黄背草	67 784.1	7.18	西北及中部偏东南地区
结缕草	70 680.1	7.49	中北部，西北部有少量
芒	31 159.8	3.30	南部
莎草、杂类草	58 166.7	6.16	安徽全省，西北部较多
野古草	54 627.4	5.79	西南及中部较多

续表

草地类型	面积 / 公顷	面积占比 /%	分布区域
临时草地	59 197.0	6.27	东南及北部
总计	711 384.1	75.35	—

二、主要牧草种及分布

暖性草丛类的优势种主要有白茅、白羊草、野青茅、黄背草和知风草等。草地群落盖度81%。

暖性灌草丛类主要由黄背草、白茅、野古草和荆条等组成。草地群落盖度85%。

热性草丛类的建群种为热性中生和旱生草本植物。优势种主要是植株高大的芒类，以及黄背草、中华结缕草、白茅、野古草、荩草、马唐、野菊、地榆、龙须草、马兰、龙芽草、鸡眼草、狗尾草、葛、蕨类和一枝黄花等，属中低等草地。在皖西南丘陵低山区大别山南麓，主要由狗牙根、假俭草和结缕草等组成。草地群落总盖度为60%～90%。

萧县皇藏裕暖性草丛草地

热性灌草丛（凤阳山）

热性灌草丛类以多年生的旱中生禾草层、杂类草层、稀疏的乔木及灌木组成。草本有禾本科、豆科和菊科类，主要由白茅、五节芒、黄背草、狗牙根、青香茅、白茅、羊茅、竹节草和野蒿等组成。草地群落盖度 70% ~ 94%。

皖南大范围成片草场很少，且草地质量低。但牧草种类多，资源丰富，有鸡眼草、合欢、槐、葛、胡枝子、野大豆等。

热性草丛（大柳）

第二章　草地牧草资源

禾本科

1. 獐　毛

拉丁名 *Aeluropus sinensis* (Debeaux) Tzvel.

形态特征

獐毛属，多年生草本。株高 15 ～ 35 厘米。通常有长匍匐茎，径粗 1.5 ～ 2.0 毫米，具多节，节上有柔毛。叶鞘常长于节间，或上部短于节间，鞘口常有柔毛，其余部分常无毛或近基部有柔毛；叶舌截平，长约 0.5 毫米；叶片无毛，通常扁平，长 3 ～ 6 厘米，宽 3 ～ 6 毫米。圆锥花序穗状，其上分枝密接而重叠，长 2 ～ 5 厘米，宽 0.5 ～ 1.5 厘米；小穗长 4 ～ 6 毫米，有 4 ～ 6 朵小花，颖及外稃均无毛，或仅背脊粗糙，第一颖长约 2 毫米，第二颖长约 3 毫米，第一外稃长约 3.5 毫米。

分布与生境

分布于江苏、河北、山东沿海地带，以及河南、山西、甘肃、宁夏、内蒙古、新疆等地。生于海岸滩涂地及内陆盐碱地。

营养与饲用价值

开花前植株幼嫩，适口性较好，家畜均喜食。可作沿海一带优良固沙植物。

獐毛的营养成分（每 100 克干物质）

生育期	干物率 /%	粗蛋白 / 克	粗脂肪 / 克	粗纤维 / 克	无氮浸出物 / 克	粗灰分 / 克	钙 / 克	磷 / 克
抽穗期	19.0	11.2	2.6	33.1	42.3	10.8	0.70	0.38

匍匐茎

叶舌

植株

幼株

花序

生境

禾本科

2. 看麦娘

拉丁名 *Alopecurus aequalis* Sobol.

形态特征

看麦娘属，一年生草本。株高 15 ～ 40 厘米。分蘖 3 ～ 10 个，丛生，细瘦，光滑，节处常膝曲。叶鞘光滑，短于节间；叶舌膜质，长 2 ～ 5 毫米；叶片扁平，长 3 ～ 10 厘米，宽 2 ～ 6 毫米。圆锥花序圆柱状，灰绿色，长 2 ～ 7 厘米，宽 3 ～ 6 毫米；小穗椭圆形或卵状长圆形，长 2 ～ 3 毫米；颖膜质，基部互相连合，具 3 脉，脊上有细纤毛，侧脉下部有短毛；外稃膜质，先端钝，等大或稍长于颖，下部边缘互相连合，芒长 1.5 ～ 3.5 毫米，约于稃体下部 1/4 处伸出，隐藏或稍外露；花药橙黄色，长 0.5 ～ 0.8 毫米。颖果长约 1 毫米。花果期 4—7 月。

分布与生境

分布于我国大部分地区。生于海拔较低的田边及潮湿之地。

营养与饲用价值

产草量中等，叶多，草质好，牛、羊等喜食；适于制作干草。全草可入药，有利湿消肿、解毒的功效。

看麦娘的营养成分（每 100 克干物质）

生育期	干物率 /%	粗蛋白 / 克	粗脂肪 / 克	粗纤维 / 克	无氮浸出物 / 克	粗灰分 / 克	钙 / 克	磷 / 克
开花期	20.3	8.4	2.5	34.5	45.2	9.4	—	—

生境

植株

茎

叶

花序

禾本科

3. 荩 草

拉丁名 *Arthraxon hispidus* (Trin.) Makino

形态特征

荩草属，一年生草本。株高 30 ～ 60 厘米。茎细弱，无毛，基部倾斜，具多节，常分枝，基部节着地易生根。叶鞘短于节间；叶舌膜质，边缘具纤毛；叶片卵状披针形，长 2 ～ 4 厘米，宽 0.8 ～ 1.5 厘米，基部心形，抱茎，除下部边缘生疣基毛外余均无毛。总状花序细弱，长 1.5 ～ 4.0 厘米，2 ～ 10 个分枝呈指状排列或簇生于秆顶，花序轴节间无毛，长为小穗的 2/3 ～ 3/4；无柄小穗卵状披针形，两侧稍扁，长 3 ～ 5 毫米，灰绿色或带紫色；有柄小穗退化为针状刺，柄长 0.2 ～ 1.0 毫米。花药黄色或带紫色，长 0.7 ～ 1.0 毫米。颖果长圆形，与稃体等长。花果期 8—10 月。

分布与生境

遍布全国各地，变异大。生于山坡草地阴湿处。

营养与饲用价值

用作饲草，牛、羊等均喜食。茎叶含乌头酸、木犀草素，具有止咳、定喘，杀虫等功效。

荩草的营养成分（每 100 克干物质）

生育期	干物率 /%	粗蛋白 / 克	粗脂肪 / 克	粗纤维 / 克	无氮浸出物 / 克	粗灰分 / 克	钙 / 克	磷 / 克
抽穗期	17.6	8.5	3.1	34.5	44.5	9.4	0.81	0.35

茎

叶

花序

生境

植株

禾本科

4. 野古草

拉丁名 *Arundinella hirta* (Thunb.) Tanaka

形态特征

野古草属，多年生草本。株高 90 ~ 150 厘米。须根，根茎较粗壮，被淡黄色鳞片。茎直立，茎粗 2 ~ 4 毫米，稍硬，被白色疣毛及疏长柔毛，后变无毛，节黄褐色，密被短柔毛。叶鞘被疣毛，边缘具纤毛；叶舌长约 0.2 毫米，上缘截平，具长纤毛；叶片长 15 ~ 40 厘米，宽约 10 毫米，先端长渐尖，两面被疣毛。圆锥花序长 15 ~ 40 厘米，花序柄、主轴及分枝均被疣毛；孪生小穗柄分别长约 1.5 毫米及 4 毫米，较粗糙，具疏长柔毛；小穗长 3.0 ~ 4.2 毫米，无毛；第一小花雄性，第二小花长卵形。花果期 8—10 月。

分布与生境

分布于江苏、江西、湖北、湖南等地。多生于海拔 1 000 米以下的山坡、路旁或灌丛中。

营养与饲用价值

抽穗前作为牛、羊等的饲料，适口性中等。

野古草的营养成分（每 100 克干物质）

生育期	干物率 /%	粗蛋白 / 克	粗脂肪 / 克	粗纤维 / 克	无氮浸出物 / 克	粗灰分 / 克	钙 / 克	磷 / 克
孕穗期	19.8	4.8	1.1	39.8	44.2	10.1	—	—

生境

植株

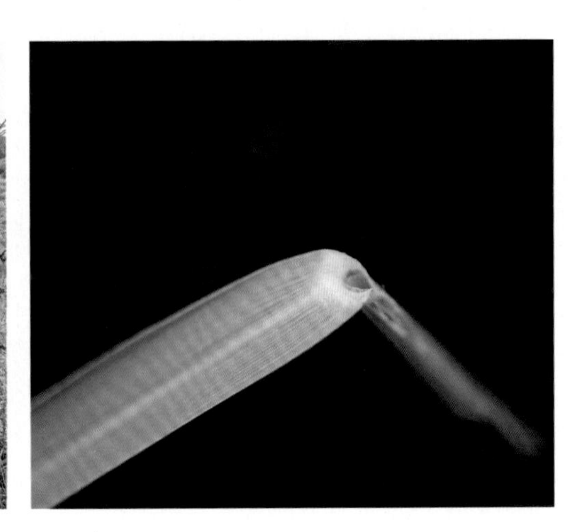

叶

花序

禾本科

5. 毛节野古草

拉丁名 *Arundinella barbinodis* Keng ex B. S. Sun et Z. H. Hu

形态特征

野古草属，多年生草本。株高约100厘米。茎平滑无毛，茎粗2毫米，节上密生白色茸毛。叶鞘疏生细疣毛，毛易脱落，边缘具短纤毛或膜质无毛；叶舌干膜质，长约0.5毫米，具稠密茸毛；叶片灰绿色，长5～35厘米，两面具疣毛及柔毛。圆锥花序长30～36厘米，分枝细弱而开展，单生或孪生，分枝腋常具细柔毛，基部分枝长达20厘米；小穗柄粗糙，长1～6毫米；小穗灰绿色或草绿色，排列稀疏，孪生或下部的单生；第一小花不育，外稃长约4毫米，具5脉，无毛。颖果长约2.2毫米。花果期9—11月。

分布与生境

我国特有，分布于浙江、江西、广东。多生于沙质山坡或田野。

营养与饲用价值

抽穗前作为牛、羊等的饲料，适口性中等。

毛节野古草的营养成分（每100克干物质）

生育期	干物率/%	粗蛋白/克	粗脂肪/克	粗纤维/克	无氮浸出物/克	粗灰分/克	钙/克	磷/克
开花期	23.7	4.6	1.3	42.1	45.4	6.6	—	—

株

生境

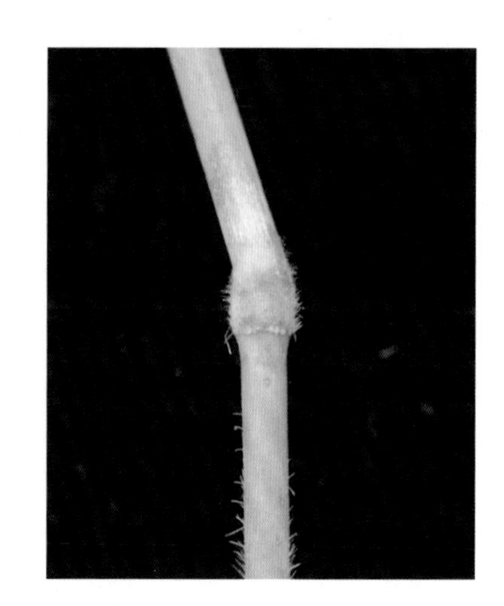

茎

花序

禾本科

6. 光稃野燕麦

拉丁名 *Avena fatua* L. var. *glabrata* Peterm.

形态特征

燕麦属，一年生草本。株高 60 ～ 120 厘米。茎直立，光滑无毛，具 2 ～ 4 节。叶鞘松弛；叶舌透明膜质，长 1 ～ 5 毫米；叶片扁平，长 10 ～ 30 厘米，宽 4 ～ 12 毫米，微粗糙，叶面和叶缘疏生柔毛。圆锥花序，长 10 ～ 25 厘米，分枝具棱角，粗糙；小穗长 18 ～ 25 毫米，含 2 ～ 3 朵小花，穗柄弯曲下垂，顶端膨胀；小穗轴密生淡棕色或白色硬毛，其节脆硬易断落。外稃质地坚硬，背部光滑无毛，小穗轴节间无毛或被微柔毛。第一外稃长 15 ～ 20 毫米，第二外稃有芒，芒自稃体中部稍下处伸出，长 2 ～ 4 厘米，芒柱棕色。颖果被淡棕色柔毛，腹面具纵沟，长 6 ～ 8 毫米。花果期 4—9 月。

分布与生境

广泛分布于我国各省。生于农田、路边、山坡和草地等。

营养与饲用价值

植株鲜嫩多汁，牛、羊等喜食，为优质饲草。籽实含葡聚糖，具保健作用。

光稃野燕麦的营养成分（每 100 克干物质）

生育期	干物率 /%	粗蛋白 / 克	粗脂肪 / 克	粗纤维 / 克	无氮浸出物 / 克	粗灰分 / 克	钙 / 克	磷 / 克
开花期	18.5	9.8	2.2	33.5	45.2	9.3	—	—

植株

茎

叶舌

花序

生境

小穗

禾本科

7. 䒼草

拉丁名 *Beckmannia syzigachne* (Steud.) Fern.

形态特征

䒼草属，一年生草本。株高 15 ~ 90 厘米。茎直立，具 2 ~ 4 节。叶鞘无毛，多长于节间；叶舌透明膜质，长 3 ~ 8 毫米；叶片扁平，长 5 ~ 20 厘米，宽 3 ~ 10 毫米，粗糙或下面平滑。圆锥花序长 10 ~ 30 厘米，分枝稀疏，直立或斜升；小穗扁平，圆形，灰绿色，常含 1 朵小花，长约 3 毫米；颖草质，白色，背部灰绿色，具淡色的横纹；外稃披针形，具 5 脉，常具伸出颖外之短尖头；花药黄色，长约 1 毫米。颖果黄褐色，长圆形，长约 1.5 毫米，先端具丛生短毛。花果期 4—10 月。

分布与生境

广泛分布于全国。生长于海拔 3 700 米以下的湿地、田间、水沟边及浅流水中。

营养与饲用价值

抽穗前饲用价值较高，草质柔软，适口性好，牛、羊等均喜食。全草可入药，具有清热、利胃肠、益气的功效。

䒼草的营养成分（每 100 克干物质）

生育期	干物率 /%	粗蛋白 / 克	粗脂肪 / 克	粗纤维 / 克	无氮浸出物 / 克	粗灰分 / 克	钙 / 克	磷 / 克
开花期	19.0	7.8	2.5	32.5	47.3	9.9	0.17	0.16

茎

叶

植株

生境

花序

小穗

禾本科

8. 白羊草

拉丁名 *Bothriochloa ischaemum* (Linnaeus) Keng

形态特征

孔颖草属，多年生草本。株高 25 ～ 70 厘米。茎粗 1 ～ 2 毫米，不少于 3 节，节上无毛或具白色茸毛；茎丛生，直立或基部倾斜；叶鞘无毛，多密集于基部，常短于节间；叶舌膜质，长约 1 毫米，具纤毛；叶片条形，长 5 ～ 16 厘米，宽 2 ～ 3 毫米，顶生叶常缩短，先端渐尖，基部圆形，两面疏生疣基柔毛或背面无毛。总状花序，分枝多数着生于秆顶呈指状，长 3 ～ 7 厘米，纤细，灰绿色或带紫褐色，总状花序轴节间与小穗柄两侧具白色丝状毛；无柄小穗长圆状披针形，长 4 ～ 5 毫米，基盘具茸毛。有柄小穗雄性。花果期 8—11 月。

分布与生境

适应性强，遍布于全国各省。生于山坡草地和荒地。

营养与饲用价值

营养生长期牛、羊均喜食，适口性中等。

白羊草的营养成分（每 100 克干物质）

生育期	干物率 /%	粗蛋白 / 克	粗脂肪 / 克	粗纤维 / 克	无氮浸出物 / 克	粗灰分 / 克	钙 / 克	磷 / 克
拔节期	19.0	8.6	1.3	38.3	41.7	10.1	0.35	0.15

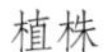
植株

茎

花序

叶舌

花

生境

禾本科

9. 扁穗雀麦

拉丁名 *Bromus catharticus* Vahl.

形态特征

雀麦属，一年生草本。株高 60 ～ 100 厘米。茎直立。叶鞘闭合，被柔毛；叶舌长约 2 毫米，具缺刻；叶片长 30 ～ 40 厘米，宽 4 ～ 6 毫米，散生柔毛。圆锥花序开展，穗长约 20 厘米；分枝长约 10 厘米，粗糙，具 1 ～ 3 枚大型小穗；小穗两侧极压扁，含 6 ～ 11 朵小花，长 15 ～ 30 毫米，宽 8 ～ 10 毫米；小穗轴节间长约 2 毫米，粗糙；颖窄披针形，外稃长 15 ～ 20 毫米，具 11 脉，沿脉粗糙，顶端具芒尖；内稃窄小，两脊生纤毛；雄蕊 3 枚，花药长 0.3 ～ 0.6 毫米。颖果与内稃贴生，长 7 ～ 8 毫米，顶端具茸毛。花果期 5—9 月。

分布与生境

分布于华东、台湾及内蒙古等地区。生于山坡阴蔽沟边。

营养与饲用价值

作一年生牧草利用，草产量较高，适口性好，牛、羊均喜食。

扁穗雀麦的营养成分（每 100 克干物质）

生育期	干物率 /%	粗蛋白 / 克	粗脂肪 / 克	粗纤维 / 克	无氮浸出物 / 克	粗灰分 / 克	钙 / 克	磷 / 克
分蘖期	14.7	18.4	2.7	29.8	37.6	11.5	—	—

生境

植株

花序

小穗

叶舌

禾本科

10. 雀　麦

拉丁名 *Bromus japonicus* Thunb. ex Murr.

形态特征

雀麦属，一年生草本。株高 40 ～ 90 厘米；茎直立。叶鞘闭合，被柔毛；叶舌先端近圆形，长 1.0 ～ 2.5 毫米；叶片长 12 ～ 30 厘米，两面生柔毛。圆锥花序疏展，穗长 20 ～ 30 厘米，具 2 ～ 8 个分枝，向下弯垂；分枝细，上部着生 1 ～ 4 枚小穗；小穗黄绿色，密生 7 ～ 11 朵小花；外稃椭圆形，边缘膜质，微粗糙，顶端钝三角形，芒自先端下部伸出，长 5 ～ 10 毫米，基部稍扁平，成熟后外弯；内稃长 7 ～ 8 毫米，两脊疏生细纤毛；小穗轴短棒状，长约 2 厘米。颖果长 7 ～ 8 毫米。花果期 5—7 月。

分布与生境

分布于江苏、安徽、辽宁、内蒙古、河北、山西、山东、河南、陕西、甘肃、台湾等地区。生于山坡林缘、荒野路旁、河滩湿地。

营养与饲用价值

适口性好，牛、羊均喜食。收获后可调制干草。

雀麦的营养成分（每 100 克干物质）

生育期	干物率 /%	粗蛋白 / 克	粗脂肪 / 克	粗纤维 / 克	无氮浸出物 / 克	粗灰分 / 克	钙 / 克	磷 / 克
开花期	17.4	8.5	2.5	36.5	43.7	8.8	0.22	0.13

生境

花序

植株

叶

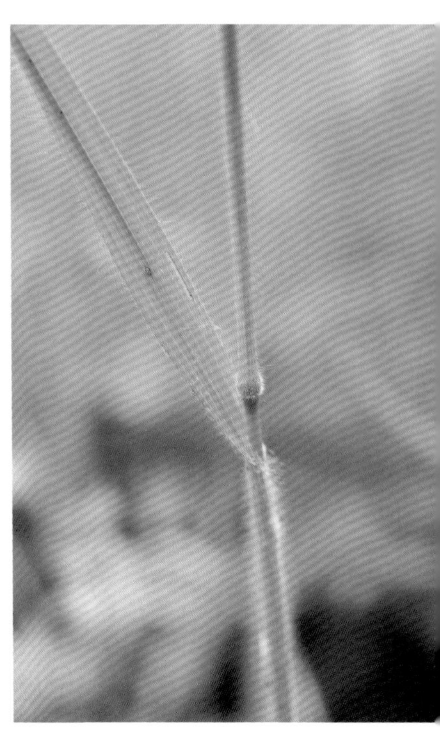

茎

小穗

禾本科

11. 疏花雀麦

拉丁名 *Bromus remotiflorus* (Steud.) Ohwi

形态特征

雀麦属，多年生草本。株高 60 ～ 120 厘米。短根状茎，具 6 ～ 7 节，节生柔毛。叶鞘闭合，密被倒生柔毛；叶舌长 1 ～ 2 毫米；叶片长 20 ～ 40 厘米，叶面生柔毛。圆锥花序疏松开展，穗长 20 ～ 30 厘米，每节具 2 ～ 4 分枝；分枝细长孪生，粗糙，着生少数小穗，成熟时下垂；小穗疏生 5 ～ 10 朵小花，长 20 ～ 25 毫米；颖窄披针形，顶端渐尖至具小尖头，第一颖长 5 ～ 7 毫米，具 1 脉，第二颖长 8 ～ 12 毫米，具 3 脉；外稃窄披针形，长 10 ～ 12 毫米，边缘膜质，具 7 脉，顶端渐尖，伸出长 5 ～ 10 毫米的直芒；内稃狭，短于外稃，脊具细纤毛；小穗轴节间长 3 ～ 4 毫米，着花疏松而外露。颖果长 8 ～ 10 毫米，贴生于稃内。花果期 6—10 月。

分布与生境

分布于江苏、安徽、浙江、湖南、湖北等地区。生于山坡、林缘、路旁、河边草地。

营养与饲用价值

适口性好，牛、羊等均喜食。收获后可调制干草。

疏花雀麦的营养成分（每 100 克干物质）

生育期	干物率 /%	粗蛋白 / 克	粗脂肪 / 克	粗纤维 / 克	无氮浸出物 / 克	粗灰分 / 克	钙 / 克	磷 / 克
结实期	27.6	7.7	1.3	41.3	43.4	6.3	0.20	0.18

生境

植株

叶鞘

茎

小穗

禾本科

12. 拂子茅

拉丁名 *Calamagrostis epigeios* (L.) Roth

形态特征

拂子茅属，多年生草本。株高 45 ～ 100 厘米。具根状茎，茎直立，平滑无毛或花序下稍粗糙，径粗 2 ～ 3 毫米。叶鞘平滑或稍粗糙，短于或基部长于节间；叶舌膜质，长 5 ～ 9 毫米，长圆形，先端易破裂；叶片长 15 ～ 27 厘米，宽 4 ～ 8 毫米，扁平或边缘内卷，上面及边缘粗糙，下面较平滑。圆锥花序紧密，圆筒形，劲直、具间断，穗长 10 ～ 25 厘米，中部穗径 1.5 ～ 4.0 厘米，分枝粗糙，直立或斜向上升；小穗长 5 ～ 7 毫米，淡绿色或带淡紫色；芒自稃体背中部附近伸出，细直，长 2 ～ 3 毫米。花果期 5—9 月。

分布与生境

分布遍及全国。生于海拔 160 ～ 3 900 米处的潮湿地及河岸沟渠旁。

营养与饲用价值

牛、羊均喜食拂子茅的幼嫩植株，适口性中等。根茎发达、耐盐碱，是固定泥沙、护坡的良好植物。

拂子茅的营养成分（每 100 克干物质）

生育期	干物率 /%	粗蛋白 / 克	粗脂肪 / 克	粗纤维 / 克	无氮浸出物 / 克	粗灰分 / 克	钙 / 克	磷 / 克
开花期	20.4	7.2	2.6	34.0	49.8	6.4	—	—

植株

叶

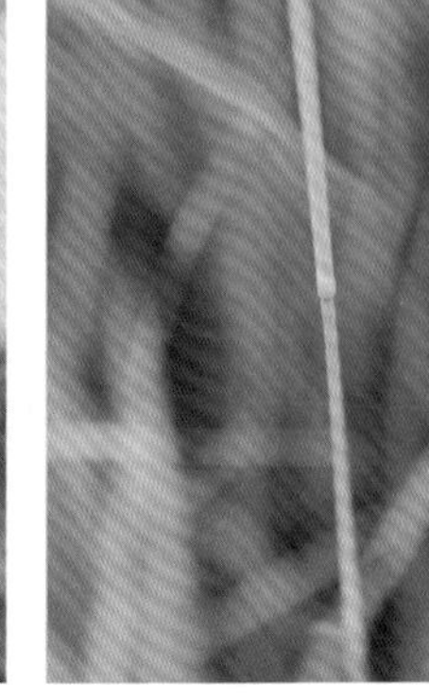

茎

花序

生境

禾本科

13. 假苇拂子茅

拉丁名 *Calamagrostis pseudophragmites* (Hall. f.) Koel.

形态特征

拂子茅属，多年生草本。株高 40 ～ 100 厘米，茎粗 1.5 ～ 4.0 毫米，直立。叶鞘平滑无毛，或稍粗糙，短于节间，有时在下部者长于节间；叶舌膜质，长 4 ～ 9 毫米，长圆形，顶端钝而易破碎；叶片长 10 ～ 30 厘米，宽 2 ～ 7 毫米，扁平或内卷，叶面及边缘粗糙，叶背面平滑。圆锥花序长圆状披针形，疏松开展，穗长 10 ～ 30 厘米，分枝簇生，直立；小穗长 5 ～ 7 毫米，草黄色或紫色；颖线状披针形，成熟后张开，顶端长渐尖，不等长；内稃长为外稃的 1/3 ～ 2/3。花果期 7—9 月。

分布与生境

广泛分布于安徽、浙江及东北、华北、西北、四川、云南、贵州、湖北等地区。生于山坡草地或河岸阴湿之处。

营养与饲用价值

营养生长期适口性中等，牛、羊均喜食。亦可作为防沙固堤及景观植物利用。

叶

茎

花序

植株

禾本科

14. 细柄草

拉丁名 *Capillipedium parviflorum* (R. Br.) Stapf.

形态特征

细柄草属，多年生草本。株高 50 ～ 100 厘米。茎直立或基部稍倾斜。叶鞘无毛或有毛；叶舌干膜质，长 0.5 ～ 1.0 毫米，边缘具短纤毛；叶片线形，长 15 ～ 30 厘米，两面无毛或被糙毛。圆锥花序，穗长 7 ～ 10 厘米，分枝簇生，可具 1 ～ 2 次小枝梗，纤细光滑无毛，枝腋间具细柔毛，小枝梗为具 1 ～ 3 节的总状花序。无柄小穗长 3 ～ 4 毫米，基部具茸毛。有柄小穗不育或雄性，等长或短于无柄小穗。花果期 8—12 月。

分布与生境

分布于华东、华中及西南地区。生于山坡草地、河边、灌丛中。

营养与饲用价值

抽穗前适口性好，牛、羊等喜食。

细柄草的营养成分（每 100 克干物质）

生育期	干物率 /%	粗蛋白 / 克	粗脂肪 / 克	粗纤维 / 克	无氮浸出物 / 克	粗灰分 / 克	钙 / 克	磷 / 克
孕穗期	18.3	8.3	1.7	35.5	46.4	8.1	0.35	0.27

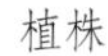

植株

花序

小穗

禾本科

15. 蒺藜草

拉丁名 *Cenchrus echinatus* L.

形态特征

蒺藜草属，一年生草本。株高 50 ～ 100 厘米，基部膝曲或横卧地面而于节处生根，下部节间短且常具分枝。须根较发达。叶鞘松弛，压扁具脊，上部叶鞘背部具密细疣毛，近边缘处有密细纤毛；叶舌短小，具长约 1 毫米的纤毛；叶片线形或狭长披针形，质地较软，长 5 ～ 40 厘米，宽 4 ～ 10 毫米，叶面近基部疏生长柔毛或无毛。总状花序直立，长 4 ～ 8 厘米；花序主轴具棱粗糙；刺苞呈稍扁圆球形，长 5 ～ 7 毫米，宽与长近相等，刚毛在刺苞上轮状着生，刺苞背部具较密的细毛和长绵毛；总梗密具短毛，每刺苞内具小穗 2 ～ 6 个，小穗椭圆状披针形，顶端较长渐尖，含 2 朵小花；第一小花雄性或中性，第二小花两性；柱头帚刷状，长约 3 毫米。颖果椭圆状扁球形，长 2 ～ 3 毫米，背腹压扁。花果期 7—9 月。

分布与生境

分布于安徽、江苏、浙江、海南、台湾、云南南部等地区。多生于干热地区临海的沙质土草地。

营养与饲用价值

抽穗前质地柔软，营养丰富，牛、羊等喜食。

蒺藜草的营养成分（每 100 克干物质）

生育期	干物率 /%	粗蛋白 / 克	粗脂肪 / 克	粗纤维 / 克	无氮浸出物 / 克	粗灰分 / 克	钙 / 克	磷 / 克
营养期	9.5	9.8	2.3	16.2	53.3	18.4	1.19	0.22

茎

叶

穗

花

植株

禾本科

16. 虎尾草

拉丁名 *Chloris virgata* Sw.

形态特征

虎尾草属，一年生草本。株高 20 ～ 75 厘米。茎直立或基部膝曲径 1 ～ 4 毫米，光滑无毛。叶鞘背部具脊，包卷松弛，无毛；叶舌长约 1 毫米，无毛或具纤毛；叶片线形，长 10 ～ 25 厘米，叶边缘及叶面粗糙。穗状花序具 5 ～ 10 个分枝，长 1.5 ～ 5.0 厘米，指状着生于茎顶，常直立而并拢成毛刷状，成熟时常带紫色；小穗无柄，长约 3 毫米；第一小花两性，外稃纸质，两侧压扁，呈倒卵状披针形，沿脉及边缘被疏柔毛或无毛，两侧边缘上部 1/3 处有白色柔毛，芒自背部顶端稍下方伸出，长 5 ～ 15 毫米；第二小花不孕，长楔形，仅存外稃，顶端截平或略凹，芒长 4 ～ 8 毫米，自背部边缘稍下方伸出。颖果纺锤形，淡黄色。花果期 6—10 月。

分布与生境

遍布于全国各地。多生于路旁荒野、河岸沙地。

营养与饲用价值

牛、羊等均喜食，适于晒制干草。用于水土保持。全草可入药，具有祛风除湿、解毒、杀虫的功效。

虎尾草的营养成分（每 100 克干物质）

生育期	干物率 /%	粗蛋白 / 克	可溶性糖 / 克	中性洗涤纤维 / 克	酸性洗涤纤维 / 克	粗灰分 / 克	体外消化率 /%
营养生长期	19.8	22.8	21.4	42.1	26.0	10.7	79.7

生境

植株

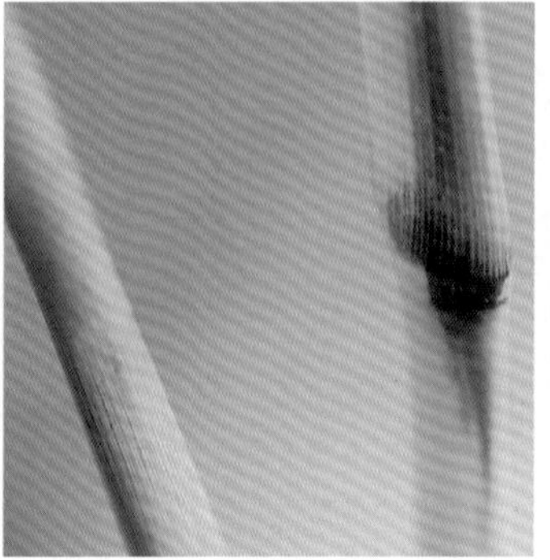

茎

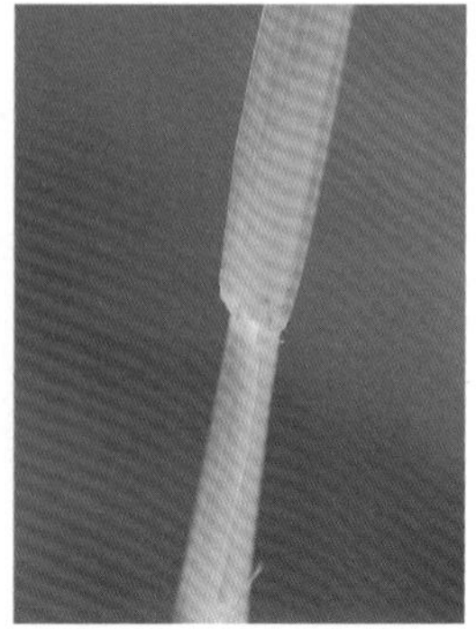

叶

花序

禾本科

17. 薏苡

拉丁名 *Coix lacryma-jobi* L.

形态特征

薏苡属，一年生草本。株高 1 ～ 2 米。茎直立丛生，具 10 多节。叶鞘短于其节间，无毛；叶舌干膜质，长约 1 毫米；叶片扁平宽大，开展，长 10 ～ 40 厘米，宽 1.5 ～ 3.0 厘米，中脉粗厚，边缘粗糙，通常无毛。总状花序腋生成束，长 4 ～ 10 厘米，直立或下垂，具长梗。雌小穗位于花序之下部，外面包以骨质念珠状的总苞，总苞卵圆形，长 7 ～ 10 毫米，直径 6 ～ 8 毫米，珐琅质，坚硬，有光泽；雄蕊常退化；雌蕊具细长之柱头，从总苞之顶端伸出。颖果小，含淀粉少，常不饱满。雄小穗 2 ～ 3 对，着生于总状花序上部，长 1 ～ 2 厘米；雄小穗无柄或有柄，长 6 ～ 7 毫米。花果期 6—12 月。

分布与生境

分布于江苏、安徽、浙江、山东、河南、陕西、江西、湖北、湖南、福建、台湾、广东、广西、海南、四川、贵州、云南等地区。多生于池塘、河沟、山谷、溪涧或易受涝的农田等地，野生或栽培生长。

营养与饲用价值

产草量高、适口性好，是牛、羊等的优良牧草。

薏苡的营养成分（每 100 克干物质）

生育期	干物率 /%	粗蛋白 / 克	粗脂肪 / 克	粗纤维 / 克	无氮浸出物 / 克	粗灰分 / 克	钙 / 克	磷 / 克
拔节期	15.4	11.1	0.8	27.6	44.1	16.4	0.49	0.12

花序

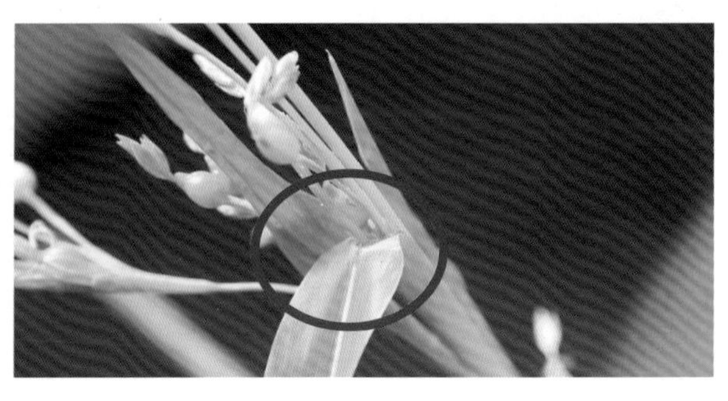

叶舌

植株

生境

茎

花

禾本科

18. 橘 草

拉丁名 *Cymbopogon goeringii* (Steud.) A. Camus

形态特征

香茅属，多年生草本。株高 60 ~ 100 厘米。茎直立丛生，具 3 ~ 5 节，节下被白粉或微毛。叶鞘无毛，基部聚集茎基，质地较厚，内面棕红色，老后向外反卷，上部均短于节间；叶舌长 0.5 ~ 3.0 毫米，两侧有三角形耳状物并下延为叶鞘边缘的膜质部分，叶颈常被微毛；叶片线形，扁平，长 15 ~ 40 厘米，边缘微粗糙。伪圆锥花序长 15 ~ 30 厘米，狭窄，有间隔，具 1 ~ 2 次枝梗；佛焰苞长 1.5 ~ 2.0 厘米，带紫色；总梗长 5 ~ 10 毫米，上部生微毛；总状花序长 1.5 ~ 2.0 厘米，向后反折；总状花序轴节间小穗柄长 2.0 ~ 3.5 毫米，先端杯形，边缘被长 1 ~ 2 毫米的柔毛，毛向上渐长。无柄小穗长圆状披针形，长约 5.5 毫米；柱头帚刷状，棕褐色，从小穗中部两侧伸出。有柄小穗长 4.0 ~ 5.5 毫米。花果期 7—10 月。

分布与生境

分布于江苏、安徽、浙江、江西、福建、台湾、湖北、湖南等地区。生于海拔 1 500 米以下的丘陵山坡草地、荒野和平原路旁。

营养与饲用价值

抽穗前适口性好，可作牛、羊等的饲料，开花后牛、羊不采食。植株散发芳香气味，可提其精油作香料。

橘草的营养成分（每 100 克干物质）

生育期	干物率 /%	粗蛋白 / 克	粗脂肪 / 克	粗纤维 / 克	无氮浸出物 / 克	粗灰分 / 克	钙 / 克	磷 / 克
抽穗期	32.9	5.5	2.9	59.4	22.8	9.4	—	—

植株

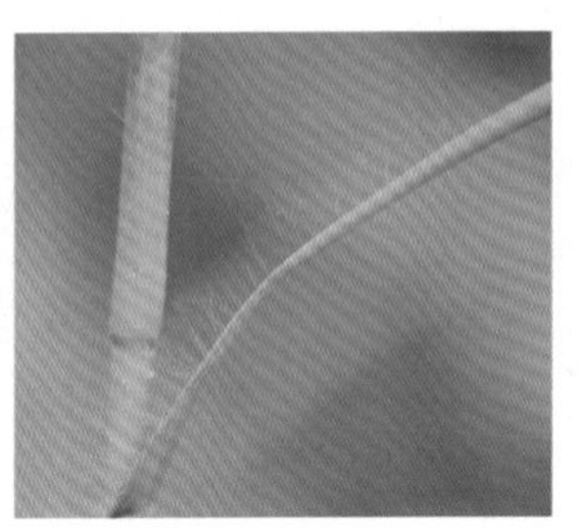

茎

小穗

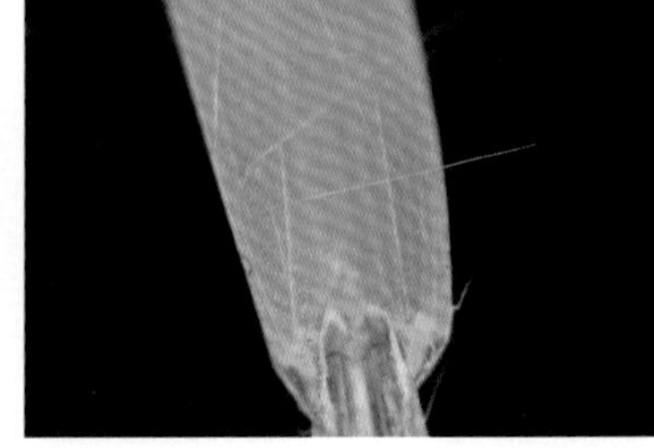

叶

花序

禾本科

19. 狗牙根

拉丁名 *Cynodon dactylon* (L.) Pers.

形态特征

狗牙根属，多年生草本。具根茎。茎细而坚韧，基部茎匍匐地面蔓延伸长，节上常生不定根，直立部分高 10 ～ 30 厘米，茎壁厚，光滑无毛，两侧有时略压扁。叶鞘微具脊，无毛或有疏柔毛，鞘口常具柔毛；叶舌仅为一轮纤毛；叶片线形，长 1 ～ 12 厘米，宽 1 ～ 3 毫米，通常两面无毛。穗状花序 3 ～ 6 个聚集于秆顶，穗长 2 ～ 6 厘米；小穗灰绿色或带紫色，长 2.0 ～ 2.5 毫米，仅含 1 朵小花；花药淡紫色，柱头紫红色。颖果长圆柱形。花果期 5—10 月。

分布与生境

广泛分布于我国黄河以南各地及新疆等地区。多生长于道旁河岸、荒地山坡。

营养与饲用价值

牛、马、兔、鸡等喜食，适于放牧。匍匐茎蔓延力强，多用于绿化和草坪，为良好的保土植物。全草可入药，有清血、解热、生肌之效。

狗牙根的营养成分（每 100 克干物质）

生育期	干物率 /%	粗蛋白 / 克	粗脂肪 / 克	粗纤维 / 克	无氮浸出物 / 克	粗灰分 / 克	钙 / 克	磷 / 克
开花期	20.3	8.8	1.6	27.4	47.9	14.3	—	—

叶

茎

花序

生境

植株

禾本科

20. 鸭 茅

拉丁名 *Dactylis glomerata* L.

形态特征

鸭茅属，多年生草本。株高 40 ~ 120 厘米。茎直立或基部膝曲，单生或少数丛生，叶鞘无毛，通常闭合达中部以上；叶舌薄膜质，长 4 ~ 8 毫米，顶端撕裂；叶片扁平，边缘或背部中脉均粗糙，长 10 ~ 30 厘米，宽 4 ~ 8 毫米。圆锥花序开展，长 5 ~ 15 厘米，分枝单生；小穗多聚集于分枝上部，含 2 ~ 5 朵花，长 5 ~ 9 毫米，绿色或稍带紫色；颖片披针形，长 4 ~ 5 毫米，边缘膜质，中脉稍凸出成脊，脊粗糙或具纤毛；外稃背部粗糙或被微毛，脊具细刺毛或具稍长的纤毛，顶端具长约 1 毫米的芒，第一外稃近等长于小穗；内稃狭窄，约等长于外稃，具 2 脊，脊具纤毛。花果期 5—7 月。

分布与生境

分布于我国西南、西北等地区。在江苏、河北、河南、山东等地因栽培而逸为野生。生于低海拔山坡、林下草地。

营养与饲用价值

草质柔软，牛、羊、兔等均喜食，适口性好。

鸭茅的营养成分（每 100 克干物质）

生育期	干物率 /%	粗蛋白 / 克	粗脂肪 / 克	粗纤维 / 克	无氮浸出物 / 克	粗灰分 / 克	钙 / 克	磷 / 克
抽穗期	19.7	12.7	4.7	29.6	45.0	8.0	—	—

植株

茎

叶

花序

禾本科

21. 龙爪茅

拉丁名 *Dactyloctenium aegyptium* (L.) Beauv.

形态特征

龙爪茅属，一年生草本。株高 30 ～ 60 厘米；茎直立或基部横卧地面，于节处生根且分枝。叶鞘松弛，边缘被柔毛；叶舌膜质，长 1 ～ 2 毫米，顶端具纤毛；叶片扁平，长 5 ～ 18 厘米，宽 2 ～ 6 毫米，顶端尖或渐尖，两面被疣基毛。穗状花序，2 ～ 7 个指状排列于茎顶，长 1 ～ 4 厘米，宽 3 ～ 6 毫米；小穗长 3 ～ 4 毫米，含 3 朵小花；第一颖沿脊龙骨状凸起上具短硬纤毛，第二颖顶端具短芒，芒长 1 ～ 2 毫米；外稃中脉成脊，脊上被短硬毛，第一外稃长约 3 毫米；有近等长的内稃。囊果球状，长约 1 毫米。花果期 5—10 月。

分布与生境

分布于华东、华南和中南等各地区。多生于山坡或草地。

营养与饲用价值

饲用时适口性好，牛、羊均喜食。全草可入药，用于脾虚、劳倦伤脾、气短乏力、纳食减少等症。

龙爪茅的营养成分（每 100 克干物质）

生育期	干物率 /%	粗蛋白 / 克	粗脂肪 / 克	粗纤维 / 克	无氮浸出物 / 克	粗灰分 / 克	钙 / 克	磷 / 克
抽穗期	20.7	9.8	1.1	24.4	52.4	12.3	1.16	0.20

匍匐茎

叶

生境

植株

花序

禾本科

22. 野青茅

拉丁名 *Deyeuxia pyramidalis* (Host) Veldkamp

形态特征

野青茅属，多年生草本。株高 50 ～ 60 厘米。茎直立，节膝曲，丛生，基部具被鳞片的芽，平滑。叶鞘疏松裹茎，长于或上部者短于节间，无毛或鞘颈具柔毛；叶舌膜质，长 2 ～ 5 毫米，顶端常撕裂；叶片扁平或边缘内卷，长 5 ～ 25 厘米，宽 2 ～ 7 毫米，无毛，两面粗糙，带灰白色。圆锥花序，长 6 ～ 10 厘米，分枝 3 个或数个簇生，长 1 ～ 2 厘米，直立贴生，与小穗柄均粗糙；小穗长 5 ～ 6 毫米，草黄色或带紫色；颖片披针形，先端尖，稍粗糙；外稃长 4 ～ 5 毫米，稍粗糙，顶端具微齿裂，芒自外稃近基部或下部 1/5 处伸出，长 7 ～ 8 毫米。花果期 6—9 月。

分布与生境

分布于华东、华中、东北、华北等地区。生于河滩、山坡草地、林缘、灌丛山谷溪旁。

营养与饲用价值

适口性中等，草质稍粗糙，可作牛、羊等家畜饲料。

野青茅的营养成分（每 100 克干物质）

生育期	干物率 /%	粗蛋白 / 克	粗脂肪 / 克	粗纤维 / 克	无氮浸出物 / 克	粗灰分 / 克	钙 / 克	磷 / 克
始穗期	19.6	11.8	1.8	35.5	41.0	9.9	—	—

生境

植株

茎

叶

花序

禾本科

23. 升马唐

拉丁名 *Digitaria ciliaris* (Retz.) Koel.

形态特征

马唐属，一年生草本。株高 30 ~ 90 厘米。茎基部横卧地面，节处生根和分枝，叶鞘常短于其节间，具柔毛；叶舌长约 2 毫米；叶片线形或披针形，长 5 ~ 20 厘米，宽 3 ~ 10 毫米，叶面有柔毛，边缘稍厚，微粗糙。总状花序长 5 ~ 12 厘米，分枝 5 ~ 8 个指状排列于秆顶；穗轴宽约 1 毫米，边缘粗糙；小穗披针形，长 3.0 ~ 3.5 毫米，孪生于穗轴一侧；小穗柄微粗糙，顶端截平。花药长 0.5 ~ 1.0 毫米。花果期 5—10 月。

分布与生境

分布于我国南北各地区。生于路旁、荒野、荒坡。

营养与饲用价值

适口性好，是牛、羊喜食的优等牧草。

升马唐的营养成分（每 100 克干物质）

生育期	干物率 /%	粗蛋白 / 克	粗脂肪 / 克	粗纤维 / 克	无氮浸出物 / 克	粗灰分 / 克	钙 / 克	磷 / 克
营养生长期	—	17.4	2.5	26.9	40.3	12.9	—	—

茎

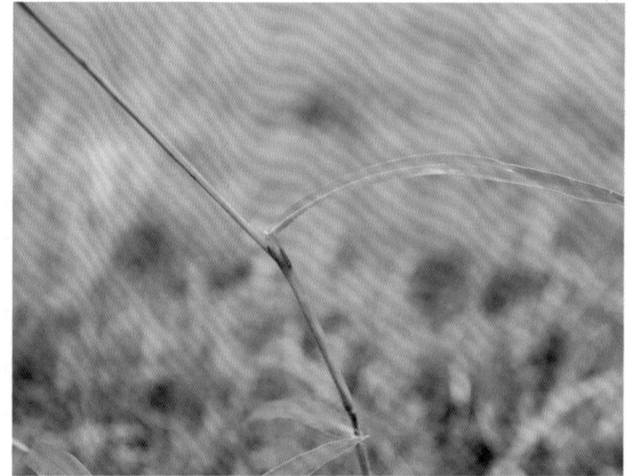

叶

花序

植株

禾本科

24. 止血马唐

拉丁名 *Digitaria ischaemum* (Schreb.) Muhl.

形态特征

马唐属，一年生草本。株高 15 ～ 40 厘米。茎直立或基部倾斜，下部常有毛。叶鞘具脊，无毛或疏生柔毛；叶舌长约 0.6 毫米；叶片扁平，披针形，长 5 ～ 12 厘米，宽 4 ～ 8 毫米，顶端渐尖，基部近圆形，多生长柔毛。总状花序长 2 ～ 9 厘米，具白色中肋，两侧翼缘粗糙；小穗长 2.0 ～ 2.2 毫米，宽约 1 毫米，2 ～ 3 枚着生于各节；第一颖不存在；第二颖具 3 ～ 5 脉；第一外稃具 5 ～ 7 脉，与小穗等长，脉间及边缘具细柱状棒毛与柔毛。第二外稃成熟后紫褐色，长约 2 毫米。花果期 6—11 月。

分布与生境

广泛分布于华东各地区。生于田野、河边润湿的地方。

营养与饲用价值

质地柔嫩，营养价值高，牛、羊等均喜食。

止血马唐的营养成分（每 100 克干物质）

生育期	干物率 /%	粗蛋白 / 克	粗脂肪 / 克	粗纤维 / 克	无氮浸出物 / 克	粗灰分 / 克	钙 / 克	磷 / 克
开花期	17.3	7.7	2.2	24.6	57.2	8.3	—	—

生境

植株

花序

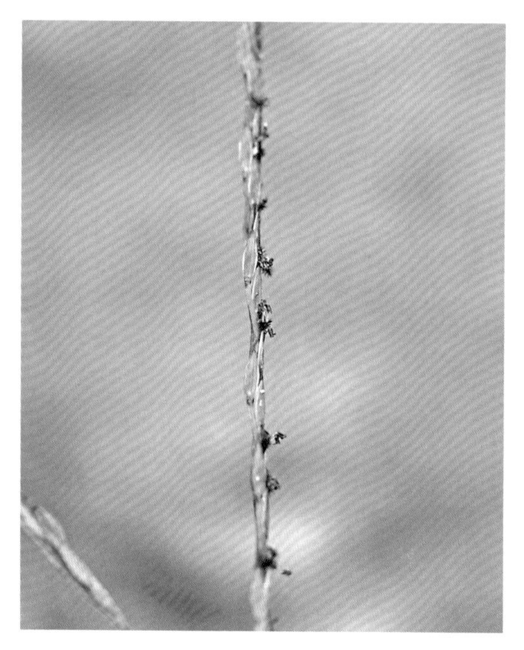
花

叶

禾本科

25. 马唐

拉丁名 *Digitaria sanguinalis* (L.) Scop.

形态特征

马唐属，一年生草本。株高 10 ～ 80 厘米；茎直立或下部倾斜，膝曲上升，无毛或节生柔毛。叶鞘短于节间，无毛或散生疣基柔毛；叶舌长 1 ～ 3 毫米；叶片线状披针形，长 5 ～ 15 厘米，宽 4 ～ 12 毫米，基部圆形，边缘较厚，微粗糙，具柔毛或无毛。总状花序长 5 ～ 18 厘米，分枝 4 ～ 12 个呈指状着生于主轴；穗轴直伸或开展，两侧具宽翼，边缘粗糙；小穗椭圆状披针形，长 3.0 ～ 3.5 毫米；第一颖小，短三角形，无脉；第二颖具 3 脉，披针形，长约为小穗的 1/2，脉间及边缘大多具柔毛；第一外稃等长于小穗，具 7 脉，中脉平滑，两侧的脉间距离较宽，无毛，边脉上具小刺状粗糙，脉间及边缘生柔毛；第二外稃近革质，灰绿色，顶端渐尖，等长于第一外稃。花果期 6—9 月。

分布与生境

分布于江苏、浙江、安徽、四川、新疆、陕西、甘肃、山西、河北、河南及西藏等地区。生于路旁、田野和草地。

营养与饲用价值

适口性好，是牛、羊等家畜的优良牧草。

马唐的营养成分（每 100 克干物质）

生育期	干物率 /%	粗蛋白 / 克	粗脂肪 / 克	粗纤维 / 克	无氮浸出物 / 克	粗灰分 / 克	钙 / 克	磷 / 克
营养生长期	18.7	16.8	3.2	28.4	39.0	12.6	0.54	0.41

生境

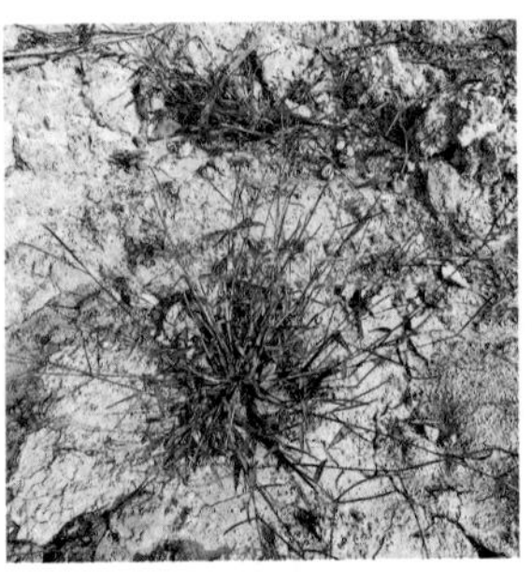
植株

叶

花序

小穗

禾本科

26. 紫马唐

拉丁名 *Digitaria violascens* Link

形态特征

马唐属，一年生草本。株高 20 ～ 60 厘米。茎疏丛生，基部倾斜，具分枝，无毛。叶鞘短于节间，无毛或生柔毛；叶舌长 1 ～ 2 毫米；叶片线状披针形，质地较软，扁平，长 5 ～ 15 厘米，粗糙，基部圆形，无毛或叶面基部及鞘口生柔毛。总状花序长 5 ～ 10 厘米，分枝 4 ～ 10 个呈指状着生于茎顶或散生于长 2 ～ 4 厘米的主轴上；小穗椭圆形，长 1.5 ～ 1.8 毫米，2 ～ 3 枚生于各节；小穗柄稍粗糙；第一颖不存在；第二颖稍短于小穗，具 3 脉，脉间及边缘生柔毛；第一外稃与小穗等长，有 5 ～ 7 脉，脉间及边缘生柔毛；毛壁有小疣突，中脉两侧无毛或毛较少，第二外稃与小穗近等长，顶端尖，有纵行颗粒状粗糙，紫褐色，革质，有光泽。花果期 7—11 月。

分布与生境

分布于江苏、安徽、浙江、山东、台湾、福建、江西、湖北、湖南等地区。生于低海拔的山坡草地、路边、荒野。

营养与饲用价值

适口性好，牛、羊等家畜均喜食。

紫马唐的营养成分（每 100 克干物质）

生育期	干物率 /%	粗蛋白 / 克	可溶性糖 / 克	中性洗涤纤维 / 克	酸性洗涤纤维 / 克	粗灰分 / 克	体外消化率 /%
开花期	15.4	11.6	13.3	51.9	21.8	10.1	75.6

生境

植株

茎 叶 花序

小穗

禾本科

27. 光头稗

拉丁名 *Echinochloa colonum* (L.) Link

形态特征

稗属，一年生草本。株高 30 ～ 90 厘米，直立。叶鞘压扁、无毛；叶舌缺；叶片扁平，线形，长 3 ～ 20 厘米，宽 3 ～ 7 毫米，无毛，边缘稍粗糙。圆锥花序狭长，长 5 ～ 10 厘米；主轴具棱，通常无疣基长毛，棱边上粗糙。花序分枝长 1 ～ 2 厘米，排列稀疏，直立上升或贴向主轴，穗轴无疣基长毛或仅基部被 1 ～ 2 根疣基长毛；小穗卵圆形，长 2.0 ～ 2.5 毫米，具小硬毛，无芒，较规则的成四行排列于穗轴的一侧。花果期 7—10 月。

分布与生境

分布于安徽、江苏、浙江、江西、福建、湖北、四川、贵州、河北、河南、广东等地区。多生于田野、园圃、路边湿润地。

营养与饲用价值

适口性好，是家畜优质牧草。谷粒含淀粉，可食用。

光头稗的营养成分（每 100 克干物质）

生育期	干物率 /%	粗蛋白 / 克	粗脂肪 / 克	粗纤维 / 克	无氮浸出物 / 克	粗灰分 / 克	钙 / 克	磷 / 克
抽穗期	23.6	12.4	1.9	27.0	48.3	10.4	0.72	0.41

植株

茎

小穗

生境

叶

花序

禾本科

28. 无芒稗

拉丁名 *Echinochloa crusgalli* (L.) Beauv. var. mitis (Pursh) Peterm.

形态特征

稗属，一年生草本。株高 50 ~ 120 厘米。茎直立，粗壮；叶片长 20 ~ 30 厘米，宽 6 ~ 12 毫米。圆锥花序长 10 ~ 20 厘米，分枝斜上举而开展，常再分枝；小穗卵状椭圆形，长约 3 毫米，无芒或具极短芒，芒长常不超过 0.5 毫米，脉上被疣基硬毛。第一颖三角形，脉上具疣基毛；第二颖与小穗等长，先端渐尖或具小尖头。第一小花通常不育，外稃草质；第二小花外稃椭圆形，平滑，光亮，成熟后变硬。花果期 7—10 月。

分布与生境

分布于华东、东北、华北、西北、西南及华南等地区。多生于水边或路边草地上。

营养与饲用价值

可作为牛、羊等家畜的优质饲料，适口性好。

无芒稗的营养成分（每 100 克干物质）

生育期	干物率 /%	粗蛋白 / 克	可溶性糖 / 克	中性洗涤纤维 / 克	酸性洗涤纤维 / 克	粗灰分 / 克	体外消化率 /%
开花期	18.2	12.6	13.3	42.9	17.4	10.4	62.7

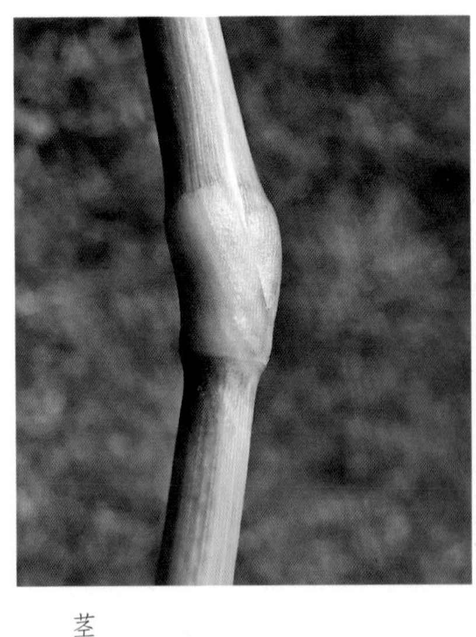

茎

叶

花序

生境

植株

花

禾本科

29. 孔雀稗

拉丁名 *Echinochloa cruspavonis* (H. B. K.) Schult.

形态特征

稗属，一年生草本。株高 120 ~ 180 厘米。茎粗壮，基部倾斜而节上生根。叶鞘疏松裹秆，光滑，无毛；叶舌缺；叶片扁平，线形，长 10 ~ 40 厘米，宽 1.0 ~ 1.5 厘米，两面无毛，边缘增厚而粗糙。圆锥花序，长 15 ~ 25 厘米，分枝上再具小枝；小穗卵状披针形，长 2.0 ~ 2.5 毫米，带紫色，脉上无疣基毛；第一颖三角形，长为小穗的 1/3 ~ 2/5，具 3 脉；第二颖与小穗等长，顶端有小尖头，具 5 脉，脉上具硬刺毛；第二小花通常中性，其外稃草质，顶端具长 1.0 ~ 1.5 厘米的芒，具 5 ~ 7 脉，脉上具刺毛；第二外稃革质，平滑光亮，顶端具小尖头，边缘包卷同质的内稃，内稃顶端外露；鳞被 2 枚，折叠；花柱基分离。颖果椭圆形，长约 2 毫米。

分布与生境

分布于江苏、浙江、安徽、贵州、福建、广东、海南等地区。多生于沼泽地或水沟边。

营养与饲用价值

可作牛、羊等家畜的优质饲料，适口性好。

孔雀稗的营养成分（每 100 克干物质）

生育期	干物率 /%	粗蛋白 / 克	可溶性糖 / 克	中性洗涤纤维 / 克	酸性洗涤纤维 / 克	粗灰分 / 克	体外消化率 /%
开花期	19.9	11.0	13.6	41.3	25.0	13.9	74.36

生境

花

花序

植株

禾本科

30. 硬稃稗

拉丁名 *Echinochloa glabrescens* Munro ex Hook. f.

形态特征

稗属，一年生草本。株高 50 ～ 120 厘米。茎直立或基部稍倾斜而展开，叶鞘光滑无毛；叶舌缺；叶片线形，扁平，长 10 ～ 30 厘米，先端渐尖，边缘变厚呈绿白色，粗糙，两面无毛。圆锥花序，长 8 ～ 15 厘米；分枝梗长 1 ～ 3 厘米；小穗长 3.0 ～ 3.5 毫米，脉上不具或具疣基毛，无芒或具芒；第一颖长为小穗的 1/3 ～ 1/2，先端尖；第二颖与小穗等长，脉上具硬刺毛；第一小花不育，外稃革质，脉上具疣基毛；内稃膜质；第二外稃革质，光滑，边缘包着同质的内稃。颖果阔椭圆形，长约 3 毫米。花果期 7—10 月。

分布与生境

分布于江苏、浙江、四川、贵州、广东、广西及云南等地区。多生于田间水塘边或湿润地上。

营养与饲用价值

适口性好，牛、羊等均喜食，可晒制干草。

硬稃稗的营养成分（每 100 克干物质）

生育期	干物率 /%	粗蛋白 / 克	可溶性糖 / 克	中性洗涤纤维 / 克	酸性洗涤纤维 / 克	粗灰分 / 克	体外消化率 /%
拔节期	20.8	17.7	17.9	41.5	25.3	11.3	71.4

生境

植株

茎叶

花序

禾本科

31. 牛筋草

拉丁名 *Eleusine indica* (L.) Gaertn.

形态特征

蟋蟀草属，一年生草本。株高 10 ~ 90 厘米。茎丛生，基部倾斜。根系极发达。叶鞘两侧压扁而具脊，松弛，无毛或疏生疣毛；叶舌长约 1 毫米；叶片平展，线形，长 10 ~ 15 厘米，宽 3 ~ 5 毫米，无毛或上面被疣基柔毛。穗状花序，分枝 2 ~ 7 个指状着生于茎顶，很少单生，长 3 ~ 10 厘米，宽 3 ~ 5 毫米；小穗长 4 ~ 7 毫米，宽 2 ~ 3 毫米，含 3 ~ 6 朵小花；颖披针形，具脊，脊粗糙；第一颖长 1.5 ~ 2.0 毫米；第二颖长 2 ~ 3 毫米；第一外稃长 3 ~ 4 毫米，卵形，膜质，具脊，脊上有狭翼，内稃短于外稃，具 2 脊，脊上具狭翼。囊果卵形，长约 1.5 毫米，基部下凹，具明显的波状皱纹。花果期 6—10 月。

分布与生境

分布于我国南北各地区。多生于荒芜之地及道路旁。

营养与饲用价值

适口性较好，牛、羊等较喜食。全草可煎水服用，可防治乙型脑炎。

牛筋草的营养成分（每 100 克干物质）

生育期	干物率 /%	粗蛋白 / 克	粗脂肪 / 克	粗纤维 / 克	无氮浸出物 / 克	粗灰分 / 克	钙 / 克	磷 / 克
抽穗期	17.8	11.4	2.6	30.9	43.5	11.6	1.17	0.30

生境

植株

花序

茎

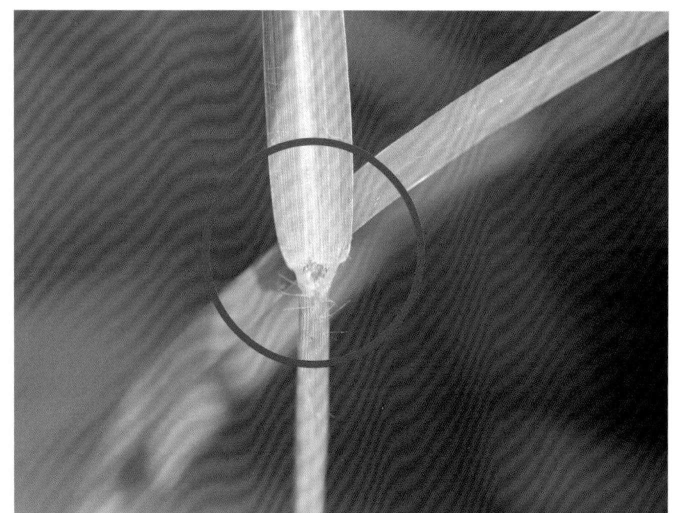

叶舌

花

禾本科

32. 纤毛披碱草

拉丁名 *Elymus ciliaris* (Trinius ex Bunge) Tzvelev

形态特征

披碱草属，多年生草本。株高 40 ～ 80 厘米。茎单生或成疏丛，直立，基部节常膝曲，平滑无毛，常被白粉。叶鞘无毛；叶片扁平，长 10 ～ 20 厘米，两面均无毛，边缘粗糙。穗状花序直立或略下垂，长 10 ～ 20 厘米；小穗通常呈绿色，含 7 ～ 12 朵小花；颖椭圆状披针形，先端常具短尖头，两侧或一侧常具齿，具 5 ～ 7 脉，边缘与边脉上具有纤毛；外稃长圆状披针形，背部被粗毛，边缘具长而硬的纤毛。花果期 4—6 月。

分布与生境

在我国广为分布。生于路旁或潮湿草地及山坡上。

营养与饲用价值

抽穗前适口性好，牛、羊等家畜均喜食；抽穗后茎叶粗韧，且有硬芒，牛、羊不喜食。

纤毛披碱草的营养成分（每 100 克干物质）

生育期	干物率 /%	粗蛋白 / 克	粗脂肪 / 克	粗纤维 / 克	无氮浸出物 / 克	粗灰分 / 克	钙 / 克	磷 / 克
开花期	19.0	12.7	2.7	40.3	36.5	7.8	0.46	0.21

植株

茎

叶舌

花序

禾本科

33. 杂交披碱草

拉丁名 *Elymus hybridus* (Keng) S. L. Chen

形态特征

披碱草属，一年生草本。株高 80 ～ 110 厘米。茎直立或基部稍倾斜，基部叶鞘常为棕色或带紫色；叶片长披针形，扁平，长 15 ～ 25 厘米。穗状花序下垂，长约 27 厘米；小穗绿色，长 17 ～ 20 毫米（除芒外），含 6 ～ 8 朵小花；颖长圆状披针形，先端渐尖或具短芒，长 1.0 ～ 2.5 毫米，边缘膜质，脉上粗糙；外稃长圆状披针形，边缘宽膜质、透明，近边缘处有较长的纤毛，上部及基部两侧常疏生小糙毛，中部较平滑，先端具长芒，芒长 2 ～ 3 厘米；内稃与外稃相等，先端钝圆，脊显著具翼，翼缘上部 3/4 具有细小纤毛；子房先端具黄白色刺毛。花果期 4—7 月。

分布与生境

分布于江苏、安徽等地区。生于山坡、林缘及荒疏草地。

营养与饲用价值

抽穗前适口性好，牛、羊等家畜喜食。可晒制干草。

茎

叶舌

生境

植株

花序

禾本科

34. 短颖鹅观草

拉丁名 *Elymus burchan-buddae* (Nevski) Tzvelev

形态特征

披碱草属，一年生草本。株高 50 ～ 70 厘米。茎直立，基部稍呈膝曲状，基部和根处的叶鞘具柔毛；叶片扁平，叶面有时疏生柔毛，背面粗糙或平滑，长 6 ～ 8 厘米，宽 3 ～ 5 毫米。穗状花序较紧密，通常先端下垂，长 5 ～ 12 厘米，穗轴边缘粗糙或具小纤毛，基部的第 1、2 节不具发育小穗；小穗绿色，成熟后带有紫色，通常在每节生有 2 枚，接近顶端及下部节上仅生有 1 枚，偏生于穗轴一侧，具极短的柄，长 12 ～ 15 毫米，含 3 ～ 4 朵小花；第一颖长圆形，长 4 ～ 5 毫米，第二颖几乎相等，先端渐尖或具长 1 ～ 4 毫米的短芒；外稃长披针形，具 5 脉，全部被微小短毛，第一外稃长约 10 毫米，顶端延伸成芒，芒长 12 ～ 20 毫米；内稃与外稃等长。花果期 5—7 月。

分布与生境

分布于江苏、浙江、安徽等地区。多生于河边草地、草原或山坡道旁和林缘。

营养与饲用价值

产量高、适口性好，是家畜喜食的优质牧草。

短颖鹅观草的营养成分（每 100 克干物质）

生育期	干物率 /%	粗蛋白 / 克	粗脂肪 / 克	粗纤维 / 克	无氮浸出物 / 克	粗灰分 / 克	钙 / 克	磷 / 克
开花期	—	11.0	2.7	34.3	42.3	9.7	—	—

植株

茎

叶

花序

生境

禾本科

35. 乱 草

拉丁名 *Eragrostis japonica* (Thunb.) Trin.

形态特征

画眉草属，一年生草本。株高 30 ～ 100 厘米。茎直立或膝曲丛生，具 3 ～ 4 节。叶鞘一般比节间长，松裹茎，无毛；叶舌干膜质，长约 0.5 毫米；叶片平展，长 3 ～ 25 厘米，宽 3 ～ 5 毫米，光滑无毛。圆锥花序长圆形，长 6 ～ 15 厘米，宽 1.5 ～ 6.0 厘米，全花序长常超过株高的一半，分枝纤细，簇生或轮生，腋间无毛。小穗柄长 1 ～ 2 毫米；小穗卵圆形，长 1 ～ 2 毫米，有 4 ～ 8 朵小花，成熟后紫色，自小穗轴由上而下的逐节断落。颖果卵圆形，棕红色并透明，长约 0.5 毫米。花果期 6—11 月。

分布与生境

分布于江苏、安徽、浙江、台湾、湖北、江西、广东、云南等地区。生于田野路旁、河边及潮湿地。

营养与饲用价值

营养生长期可作为牛、羊等家畜的粗饲料，适口性较好。

乱草的营养成分（每 100 克干物质）

生育期	干物率 /%	粗蛋白 / 克	粗脂肪 / 克	粗纤维 / 克	无氮浸出物 / 克	粗灰分 / 克	钙 / 克	磷 / 克
抽穗期	23.4	4.1	3.8	30.0	52.6	9.5	0.24	0.13

茎

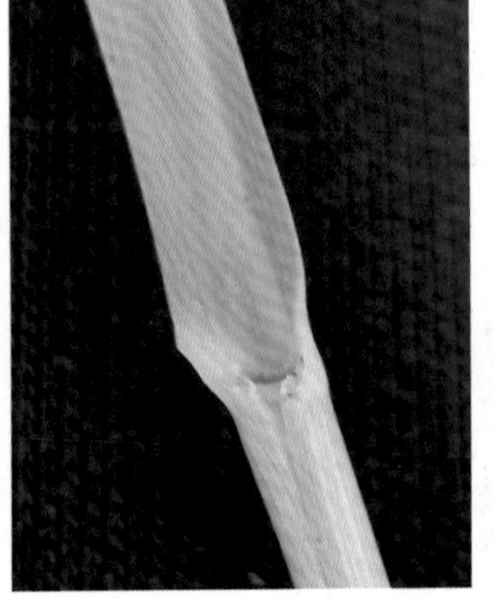

叶

花序

花

生境

植株

禾本科

36. 野　黍

拉丁名 *Eriochloa villosa* (Thunb.) Kunth

形态特征

野黍属，一年生草本。株高 30 ~ 100 厘米；茎直立，基部分枝，稍倾斜。叶片扁平，长 5 ~ 25 厘米，宽 5 ~ 15 毫米，表面具微毛，背面光滑，边缘粗糙；叶舌具有长约 1 毫米的纤毛；叶鞘无毛或被毛或鞘缘一侧被毛，松弛包茎，节具有纤毛；长 7 ~ 15 厘米。圆锥花序狭长；由 4 ~ 8 个总状花序组成；总状花序长 1.5 ~ 4.0 厘米，密生柔毛，分枝常排列于主轴一侧；小穗卵状椭圆形，长 4.5 ~ 6.0 毫米；小穗柄极短，密生长柔毛。颖果卵圆形，长约 3 毫米。花果期 7—10 月。

分布与生境

分布于华东、华中、西南、华南、东北及华北等地区。生于山坡和潮湿地带。

营养与饲用价值

适口性好，牛、羊等喜食。谷粒含淀粉，可食用。

野黍的营养成分（每 100 克干物质）

生育期	干物率 /%	粗蛋白 / 克	粗脂肪 / 克	粗纤维 / 克	无氮浸出物 / 克	粗灰分 / 克	钙 / 克	磷 / 克
开花期	24.7	4.7	3.2	22.3	60.5	9.3	—	—

植株

茎

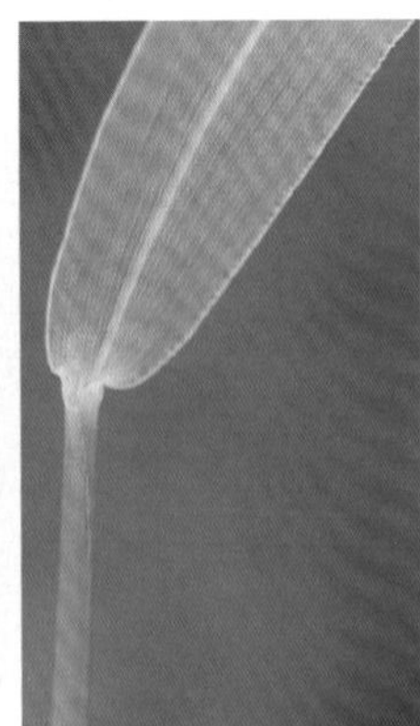
叶

小穗

种子

生境

禾本科

37. 画眉草

拉丁名 *Eragrostis pilosa* (L.) Beauv.

形态特征

画眉草属，一年生草本。株高 30 ～ 60 厘米。茎丛生，直立或基部膝曲，通常具 4 节，光滑。叶鞘松裹茎，长于或短于节间，扁压，鞘缘近膜质，鞘口有长柔毛；叶舌为一圈纤毛，长约 0.5 毫米；叶片线形扁平或卷缩，长 6 ～ 20 厘米，宽 2 ～ 3 毫米，无毛。圆锥花序长 10 ～ 25 厘米，分枝单生，簇生或轮生，多直立向上，腋间有长柔毛，小穗具柄，长 3 ～ 10 毫米，宽 1.0 ～ 1.5 毫米，含 4 ～ 14 朵小花；雄蕊 3 枚，花药长约 0.3 毫米。颖果长圆形，长约 0.8 毫米。花果期 8—11 月。

分布与生境

分布于全国各地。多生于荒芜的田野及野草地。

营养与饲用价值

春季与夏季时的营养生长期适口性较好，抽穗后动物采食性低。

画眉草的营养成分（每 100 克干物质）

生育期	干物率 /%	粗蛋白 / 克	粗脂肪 / 克	粗纤维 / 克	无氮浸出物 / 克	粗灰分 / 克	钙 / 克	磷 / 克
开花期	24.8	12.3	2.4	30.1	48.0	7.2	0.68	0.22

生境

植株

花序

小穗

禾本科

38. 假俭草

拉丁名 *Eremochloa ophiuroides* (Munro) Hack.

形态特征

蜈蚣草属，多年生草本。株高 10 ~ 20 厘米。具强壮的匍匐茎。叶鞘压扁，鞘口常有短毛；叶片条形，顶端钝，无毛，长 3 ~ 8 厘米，宽 2 ~ 4 毫米，顶生叶片退化。总状花序顶生，稍弓曲，压扁，长 4 ~ 6 厘米，花序轴节间具短柔毛。无柄小穗长圆形，覆瓦状排列于穗轴一侧，长约 3.5 毫米，宽约 1.5 毫米；第二小花两性，外稃顶端钝；有柄小穗退化或仅存小穗柄，披针形，长约 3 毫米，与穗轴贴生。花药长约 2 毫米；柱头红棕色。花果期 7—10 月。

分布与生境

分布于江苏、浙江、安徽、湖北、湖南、福建、台湾、广东、广西、贵州等地区。生于潮湿草地及河岸、路旁。

营养与饲用价值

适口性好，牛、羊均喜食，适于放牧利用。匍匐茎强壮，蔓延力强，是很好的绿化和保土植物。

假俭草的营养成分（每 100 克干物质）

生育期	干物率 /%	粗蛋白 / 克	粗脂肪 / 克	粗纤维 / 克	无氮浸出物 / 克	粗灰分 / 克	钙 / 克	磷 / 克
开花期	24.5	4.5	3.9	32.8	46.4	12.4	—	—

生境

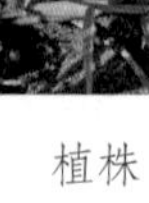

植株

叶　花　穗

匍匐茎

禾本科

39. 高羊茅

拉丁名 *Festuca elata* Keng ex E. Alexeev

形态特征

羊茅属，多年生草本。株高 90 ~ 120 厘米。直立，茎成疏丛，具 3 ~ 4 节，光滑，上部伸出鞘外的部分长达 30 厘米。叶鞘光滑，具纵条纹，上部者远短于节间，顶生者长 15 ~ 23 厘米；叶舌膜质，截平，长 2 ~ 4 毫米；叶片线状披针形，先端长渐尖，通常扁平，背面光滑无毛，叶面及边缘粗糙，长 10 ~ 20 厘米，宽 3 ~ 7 毫米。圆锥花序疏松开展，长 20 ~ 28 厘米；分枝单生，长达 15 厘米，自近基部处分出小枝或小穗；侧生小穗柄长 1 ~ 2 毫米；小穗长 7 ~ 10 毫米，含 2 ~ 3 朵花；外稃椭圆状披针形，平滑，芒长 7 ~ 12 毫米，细弱；内稃与外稃近等长；颖果长约 4 毫米，顶端有毛茸。花果期 4—8 月。

分布与生境

分布于江苏、浙江、上海、广西、四川、贵州等地区。生于路旁、山坡和林下。

营养与饲用价值

抽穗前适口性好，抽穗后牛、羊等采食性差，适于放牧用。

高羊茅的营养成分（每 100 克干物质）

生育期	干物率 /%	粗蛋白 / 克	粗脂肪 / 克	粗纤维 / 克	无氮浸出物 / 克	粗灰分 / 克	钙 / 克	磷 / 克
孕穗期	16.5	12.3	5.3	25.7	47.7	9.0	0.61	0.25

生境

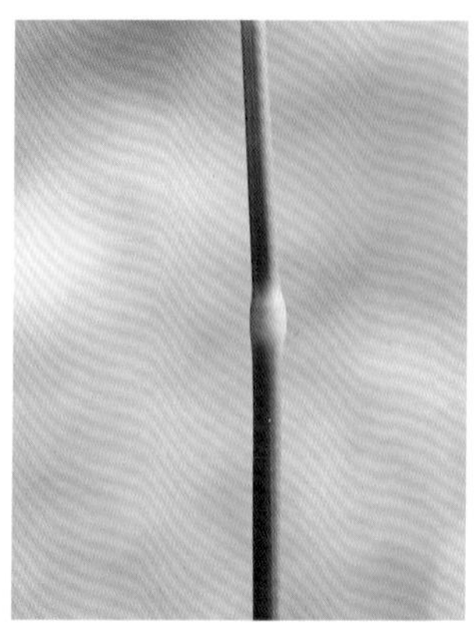
茎

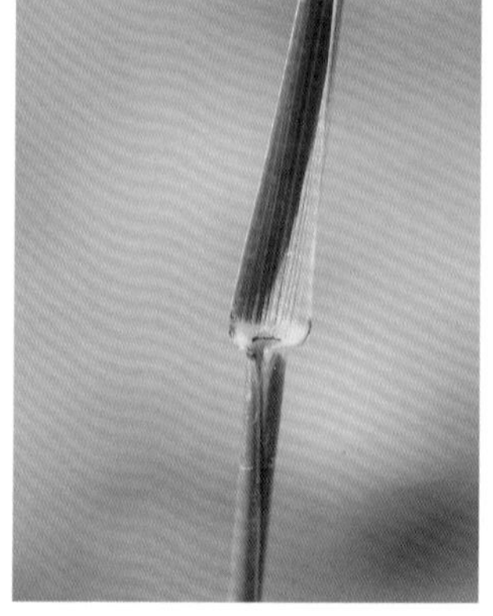
叶舌

花序

植株

禾本科

40. 牛鞭草

拉丁名 *Hemarthria sibirica* (Gand.) Ohwi

形态特征

牛鞭草属，多年生草本。茎直立部分高可达 1 米，直径约 3 毫米，一侧有槽。有长而横走的根茎。叶鞘边缘膜质，鞘口具纤毛；叶舌膜质，白色，长约 0.5 毫米，上缘撕裂状；叶片线形，长 15 ~ 20 厘米，宽 4 ~ 6 毫米，两面无毛。总状花序单生或簇生，长 6 ~ 10 厘米。无柄小穗卵状披针形，长 5 ~ 8 毫米；第一小花仅存膜质外稃；第二小花两性，外稃膜质，长卵形，长约 4 毫米；有柄小穗长约 8 毫米，第二颖完全游离于总状花序轴；第一小花中性，仅存膜质外稃；第二小花两稃均为膜质，长约 4 毫米。花果期 7—11 月。

分布与生境

分布于江苏、浙江、安徽和东北、华北、华中、华南、西南各地区。多生于田地、水沟、河滩等湿润处。

营养与饲用价值

适口性好，是牛、羊等的优良饲草。

牛鞭草的营养成分（每 100 克干物质）

生育期	干物率 /%	粗蛋白 / 克	粗脂肪 / 克	粗纤维 / 克	无氮浸出物 / 克	粗灰分 / 克	钙 / 克	磷 / 克
开花期	21.5	6.4	2.4	37.5	45.4	8.3	0.08	0.03

生境

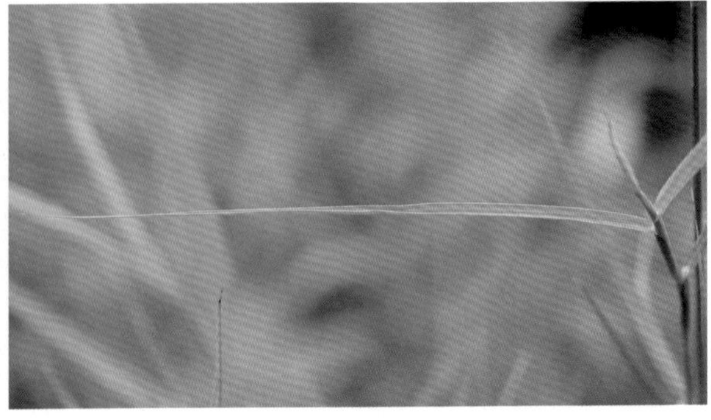
叶

植株

花序

花

禾本科

41. 白 茅

拉丁名 *Imperata cylindrica* (L.) Beauv.

形态特征

白茅属，多年生草本。株高 30 ～ 80 厘米。茎直立，具 1 ～ 3 节，节无毛，丛生。具粗壮的长根状茎。叶鞘聚集于茎基部，甚长于其节间，质地较厚，生育后期破碎呈纤维状；叶舌膜质，长约 2 毫米，紧贴其背部或鞘口具柔毛，分蘖叶片长约 20 厘米，宽约 8 毫米，扁平，质地较薄；茎生叶片长 1 ～ 3 厘米，窄线形，通常内卷，顶端渐尖呈刺状，下部渐窄，或具柄，质硬，被有白粉，基部叶面具柔毛。圆锥花序稠密，长 10 ～ 20 厘米，小穗长 4.5 ～ 6.0 毫米，基盘具长 12 ～ 16 毫米的丝状柔毛；雄蕊 2 枚，花药长 3 ～ 4 毫米；花柱细长，柱头 2 个，羽状紫黑色。颖果椭圆形，长约 1 毫米。花果期 4—6 月。

分布与生境

分布于华东各地及辽宁、河北、山西、山东、陕西、新疆等北方地区。生于低山带平原河岸草地、沙质草甸、荒漠与海滨。

营养与饲用价值

早春时适口性好，牛、羊均喜食。白茅根味甘，性寒，具有凉血、止血、清热利尿的作用。

白茅的营养成分（每 100 克干物质）

生育期	干物率 /%	粗蛋白 / 克	粗脂肪 / 克	粗纤维 / 克	无氮浸出物 / 克	粗灰分 / 克	钙 / 克	磷 / 克
开花期	21.0	5.8	1.7	38.0	48.5	6.0	0.09	0.12

植株

茎

叶

花

生境

禾本科

42. 细毛鸭嘴草

拉丁名 *Ischaemum ciliare* Retzius

形态特征

鸭嘴草属，多年生草本。株高 40 ～ 50 厘米。茎直立或基部平卧至斜升，茎粗 1 ～ 2 毫米，节上密被白色茸毛。叶鞘疏生疣毛；叶舌膜质，长约 1 毫米，上缘撕裂状；叶片线形，长可达 12 厘米，宽可达 1 厘米，两面被疏毛。总状花序，2 个孪生于茎顶，开花时常互相分离，长 5 ～ 7 厘米；总状花序轴节间和小穗柄的棱上均有长纤毛。无柄小穗呈倒卵状矩圆形。第一小花雄性，外稃纸质，脉不明显，先端渐尖；第二小花两性，外稃较短，先端 2 深裂至中部，裂齿间着生芒，小穗具膝曲芒。子房无毛，柱头紫色，长约 2 毫米。花果期为夏季和秋季。

分布与生境

分布于浙江、福建、台湾、广东、广西、云南等地区。多生于山坡草丛中、路旁及旷野草地。

营养与饲用价值

植株幼嫩时可作饲料，家畜均喜食。

细毛鸭嘴草的营养成分（每 100 克干物质）

生育期	干物率 /%	粗蛋白 / 克	粗脂肪 / 克	粗纤维 / 克	无氮浸出物 / 克	粗灰分 / 克	钙 / 克	磷 / 克
抽穗期	—	7.6	1.8	47.4	33.0	10.2	0.15	0.22

生境

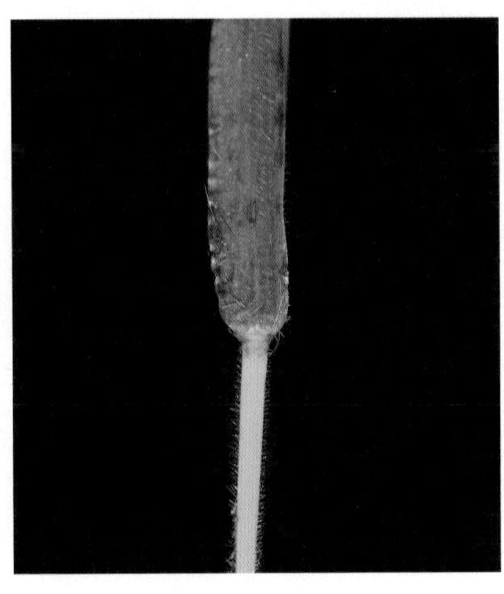

叶

花

穗

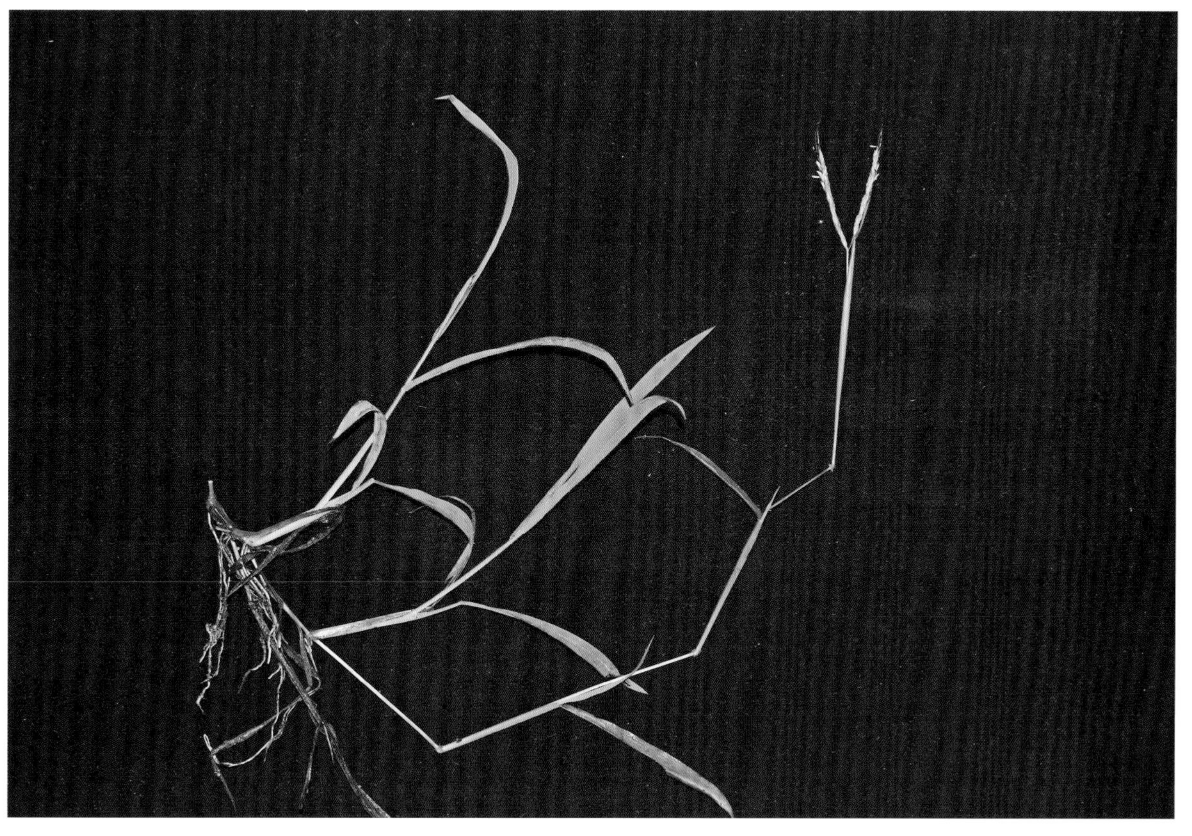

植株

禾本科

43. 李氏禾

拉丁名 *Leersia hexandra* Swartz

形态特征

假稻属，多年生草本。茎倾卧地面并于节处生根，直立部分高 40 ～ 50 厘米，节部膨大且密被倒生微毛。具发达匍匐茎和细瘦根状茎。叶鞘短于节间，多平滑；叶舌长 1 ～ 2 毫米，基部两侧下延与叶鞘边缘相愈合成鞘边；叶片披针形，长 5 ～ 12 厘米，宽 3 ～ 6 毫米，粗糙，质硬有时卷折。圆锥花序开展，长 5 ～ 10 厘米，分枝较细，直升，不具小枝，长 4 ～ 5 厘米，具角棱；小穗长 3.5 ～ 4.0 毫米，宽约 1.5 毫米，具长约 0.5 毫米的短柄；颖不存在；颖果长约 2.5 毫米。花果期 6—8 月。

分布与生境

分布于江苏、浙江、广西、广东、海南、台湾、福建等地区。生于河沟、田岸等水边湿地。

营养与饲用价值

可作为牛、羊等家畜的饲料，适口性中等。

李氏禾的营养成分（每 100 克干物质）

生育期	干物率 /%	粗蛋白 / 克	粗脂肪 / 克	粗纤维 / 克	无氮浸出物 / 克	粗灰分 / 克	钙 / 克	磷 / 克
抽穗期	17.8	7.5	2.1	36.7	38.6	15.1	0.15	0.14

茎

花序

叶

生境

植株

禾本科

44. 假　稻

拉丁名 *Leersia japonica* (Makino) Honda

形态特征

假稻属，多年生草本。株高 60 ～ 80 厘米。节密生倒毛；茎基部伏卧地面，节生多分枝的须根，上部向上斜升。叶鞘短于节间，微粗糙；叶舌长 1 ～ 3 毫米，基部两侧下延与叶鞘连合；叶片长 6 ～ 15 厘米，宽 4 ～ 8 毫米，粗糙或下面平滑。圆锥花序长 9 ～ 12 厘米，分枝平滑，直立或斜升，有角棱，稍压扁；小穗长 5 ～ 6 毫米，带紫色；外稃具 5 脉，脊具刺毛；内稃具 3 脉，中脉生刺毛；雄蕊 6 枚，花药长 3 毫米。花果期 7—10 月。

分布与生境

分布于江苏、浙江、湖南、湖北、四川、贵州、广西、河南、河北等地区。生于池塘、水田、溪沟湖旁的湿地。

营养与饲用价值

适口性好，适于放牧利用。

生境

植株

节　　叶舌　　花序

种子

禾本科

45. 千金子

拉丁名 *Leptochloa chinensis* (L.) Nees

形态特征

千金子属，一年生草本。株高 30 ~ 90 厘米。茎直立，基部膝曲或倾斜，平滑无毛。叶鞘无毛，大多短于节间；叶舌膜质，长 1 ~ 2 毫米，常撕裂具小纤毛；叶片扁平，先端渐尖，两面微粗糙或下面平滑，长 5 ~ 25 厘米，宽 2 ~ 6 毫米。圆锥花序长 10 ~ 30 厘米，分枝主轴及分枝均微粗糙；小穗多带紫色，长 2 ~ 4 毫米，含 3 ~ 7 朵小花，花药长约 0.5 毫米。颖果长圆球形，长约 1 毫米。花果期 8—11 月。

分布与生境

分布于江苏、安徽、浙江、台湾、福建、江西、湖北、湖南等地区。生于海拔 200 ~ 1 020 米的潮湿荒地和路边。

营养与饲用价值

适口性好，可晒制干草。全草可入药，具有泻下逐水、破血消症的功效。

千金子的营养成分（每 100 克干物质）

生育期	干物率 /%	粗蛋白 / 克	粗脂肪 / 克	粗纤维 / 克	无氮浸出物 / 克	粗灰分 / 克	钙 / 克	磷 / 克
开花期	26.7	5.8	0.5	28.3	57.4	8.0	0.38	0.47

植株

茎

叶

生境

花序

禾本科

46. 多花黑麦草

拉丁名 *Lolium multiflorum* Lam.

形态特征

黑麦草属，一年生或越年生草本。株高 50 ～ 130 厘米。具 4 ～ 5 节，直立、粗壮，基部偃卧节上生根；叶鞘疏松；叶舌长达 4 毫米，有时具叶耳；叶片扁平，长 10 ～ 20 厘米，宽 3 ～ 8 毫米，无毛，叶面微粗糙。穗形总状花序，长 15 ～ 30 厘米，穗轴柔软，节间长 10 ～ 15 毫米，无毛，上面微粗糙；小穗含 10 ～ 15 朵小花，长 10 ～ 18 毫米，宽 3 ～ 5 毫米；小穗轴节间长约 1 毫米，平滑无毛。颖果长圆形，长为宽的 3 倍。花果期 7—8 月。

分布与生境

分布于华东及陕西、河北、湖南、贵州、云南、四川等地区，为优良牧草普遍引种栽培。

营养与饲用价值

适口性好，家畜均喜食，适于青饲、调制干草或放牧利用。

多花黑麦草的营养成分（每 100 克干物质）

生育期	干物率 /%	粗蛋白 / 克	粗脂肪 / 克	粗纤维 / 克	无氮浸出物 / 克	粗灰分 / 克	钙 / 克	磷 / 克
拔节期	15.5	13.4	3.7	21.5	47.6	13.8	0.45	0.32

植株

基部叶鞘

叶舌

花序

禾本科

47. 黑麦草

拉丁名 *Lolium perenne* L.

形态特征

黑麦草属，多年生草本。株高 30 ～ 90 厘米，茎丛生，具 3 ～ 4 节，质软，基部节上生根。叶舌长约 2 毫米；叶片线形，长 5 ～ 20 厘米，宽 3 ～ 6 毫米，柔软，具微毛。穗形穗状花序直立或稍弯，长 10 ～ 20 厘米，宽 5 ～ 8 毫米；小穗轴节间长约 1 毫米，平滑无毛；颖披针形，为其小穗长的 1/3，具 5 脉，边缘狭膜质；外稃长圆形，草质，长 5 ～ 9 毫米，具 5 脉，平滑，基盘明显，顶端无芒，或上部小穗具短芒，第一外稃长约 7 毫米；内稃与外稃等长，两脊生短纤毛。颖果长约为宽的 3 倍。花果期 5—6 月。

分布与生境

为引种优良牧草和草坪草，在温凉区域多有逸生。生于草甸草场、路旁、湿地。

营养与饲用价值

适口性好，家畜均喜食，适于青饲、调制干草或放牧利用。

黑麦草的营养成分（每 100 克干物质）

生育期	干物率 /%	粗蛋白 / 克	可溶性糖 / 克	中性洗涤纤维 / 克	酸性洗涤纤维 / 克	粗灰分 / 克	体外消化率 /%
开花期	18.0	10.6	17.9	39.8	15.6	8.7	78.7

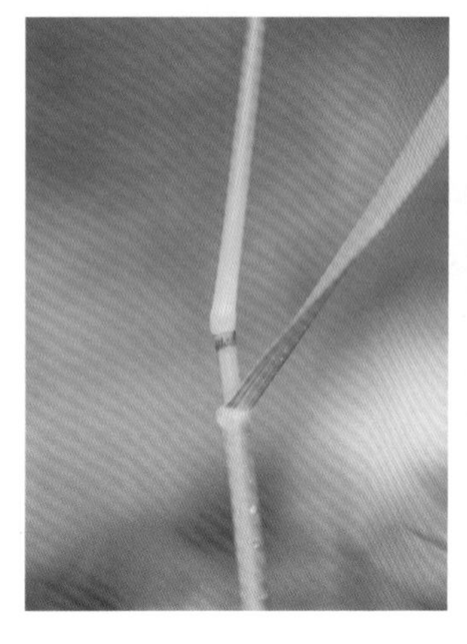
茎

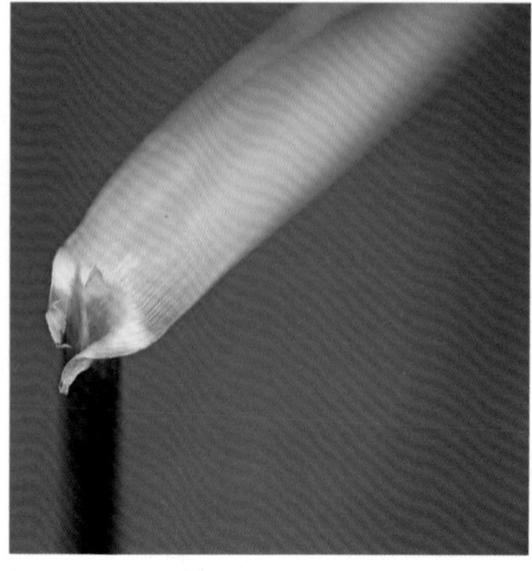
叶

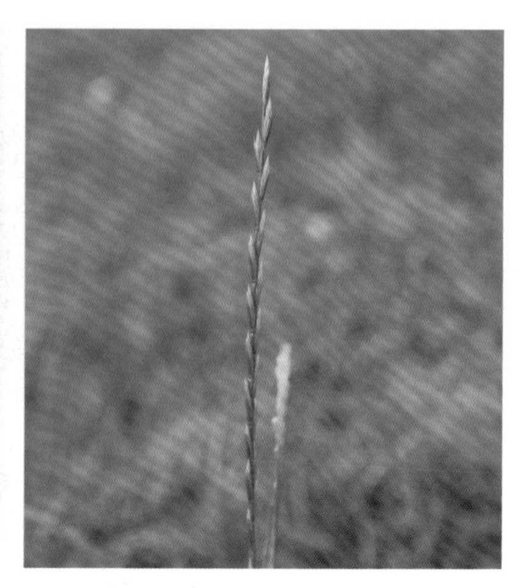
花序

植株

禾本科

48. 红毛草

拉丁名 *Melinis repens* (Willdenow) Zizka

形态特征

红毛草属，多年生草本。株高可达 1 米。茎直立，常分枝，节间常具疣毛，节具软毛。根茎粗壮。叶鞘松弛，大都短于节间，下部亦散生疣毛；叶舌为长约 1 毫米的柔毛组成；叶片线形，长可达 20 厘米，宽 2 ～ 5 毫米。圆锥花序开展，长 10 ～ 15 厘米，分枝纤细；小穗柄纤细弯曲，疏生长柔毛；小穗长约 5 毫米，常被粉红色绢毛；第一颖小，长约为小穗的 1/5，长圆形，具 1 脉，被短硬毛；第二颖和第一外稃具脉，被疣基长绢毛，顶端微裂，裂片间生 1 短芒；第一内稃膜质，具 2 脊，脊上有睫毛；第二外稃近软骨质，平滑光亮；花柱分离，柱头羽毛状。花果期 6—11 月。

分布与生境

原产于南非，在我国江苏、浙江、广东、台湾等地区有引种。

营养与饲用价值

幼嫩茎叶可作牛、羊等家畜的饲料。全草可入药，具有清肺热、消肿毒的功效。

生境

植株

花序

禾本科

49. 莠竹

拉丁名 *Microstegium vimineum* (Trin.) A. Camus

形态特征

莠竹属，一年生草本。株高 1 米。茎基部匍匐于地面，节上生根，多分枝，无毛。叶鞘短于其节间，鞘口具柔毛；叶舌截形，长约 0.5 毫米，背面生毛；叶片长 4 ～ 8 厘米，宽 5 ～ 8 毫米，边缘粗糙，顶端渐尖，基部狭窄，中脉白色。总状花序，长 3 ～ 5 厘米，2 ～ 6 个，穗主轴较粗而压扁，疏生纤毛；无柄小穗长 4.0 ～ 4.5 毫米，基盘具短毛或无毛。花药长约 1 毫米或较长。颖果长圆形，长约 2.5 毫米。有柄小穗相似于无柄小穗或稍短，小穗柄短于穗轴节间。花果期 8—11 月。

分布与生境

分布于浙江、福建、广东、广西、贵州、四川及云南等地区。生于林缘与阴湿草地。

营养与饲用价值

植株柔软，适口性好，可作牛、羊等的饲料。

柔枝莠竹的营养成分（每 100 克干物质）

生育期	干物率 /%	粗蛋白 / 克	粗脂肪 / 克	粗纤维 / 克	无氮浸出物 / 克	粗灰分 / 克	钙 / 克	磷 / 克
营养期	20.0	15.3	2.0	33.7	38.8	10.2	—	—

生境

植株

茎

花序

叶舌

禾本科

50. 五节芒

拉丁名 *Miscanthus floridulus* (Lab.) Warb. K. ex Schum. & Laut.

形态特征

芒属，多年生草本。株高 2 ～ 3 米。具发达根状茎。植株高大似竹，无毛，节下具白粉，叶鞘无毛，鞘节具微毛，长于或上部稍短于节；叶舌长 1 ～ 2 毫米，顶端具纤毛；叶片披针状线形，长 25 ～ 60 厘米，宽 1.5 ～ 3.0 厘米，扁平，中脉粗壮隆起，边缘粗糙。圆锥花序大型，稠密，长 30 ～ 50 厘米，主轴粗壮，长达花序的 2/3 以上，无毛；分枝梗较细弱，长 15 ～ 20 厘米，通常 10 多个簇生于基部各节，具 2 ～ 3 次小枝梗，腋间生柔毛；总状花序轴节间长 3 ～ 5 毫米，无毛；小穗卵状披针形，长 3.0 ～ 3.5 毫米，黄色，基盘具较长于小穗的丝状柔毛；芒长 7 ～ 10 毫米；花柱极短，柱头紫黑色，自小穗中部之两侧伸出。花果期 5—10 月。

分布与生境

分布于江苏、浙江、福建、台湾、广东、海南、广西等地区。生于低海拔撂荒地、丘陵潮湿谷地和山坡草地。

营养与饲用价值

适口性差，幼嫩茎叶牛、羊可采食。可作造纸原料。根状茎有利尿的功效。

五节芒的营养成分（每 100 克干物质）

生育期	干物率 /%	粗蛋白 / 克	粗脂肪 / 克	粗纤维 / 克	无氮浸出物 / 克	粗灰分 / 克	钙 / 克	磷 / 克
抽穗期	27.4	5.1	0.6	31.2	53.7	9.4	—	—

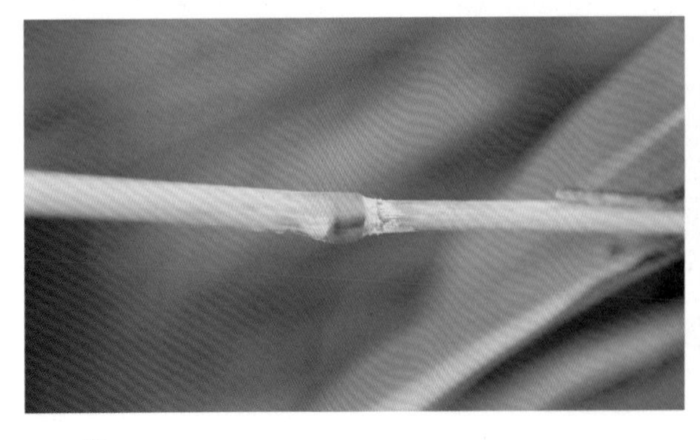
茎

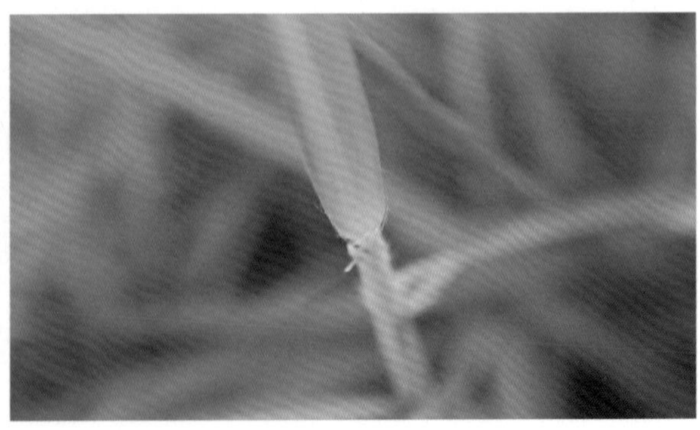
叶

生境

植株

花序

禾本科

51. 荻

拉丁名 *Miscanthus sacchariflorus* (Maximowicz) Hackel

形态特征

芒属，多年生草本。株高 1.0 ～ 1.5 米。茎粗约 5 毫米，直立，具 10 多节，节生柔毛。具发达的匍匐根状茎，节处生有粗根与幼芽。叶鞘无毛，长于或上部者稍短于其节间；叶舌短，长 0.5 ～ 1.0 毫米，具纤毛；叶片扁平，宽线形，长 20 ～ 50 厘米，宽 5 ～ 18 毫米，除叶面基部密生柔毛外，两面无毛，边缘锯齿状粗糙，中脉白色，粗壮。圆锥花序疏展成伞房状，长 10 ～ 20 厘米；主轴无毛，具 10 ～ 20 个较细弱的分枝，腋间生柔毛，直立而后开展；总状花序轴节间长 4 ～ 8 毫米，或具短柔毛；小穗柄顶端稍膨大，基部腋间常生有柔毛，短柄长 1 ～ 2 毫米，长柄长 3 ～ 5 毫米；小穗线状披针形，长 5.0 ～ 5.5 毫米，成熟后带褐色，基盘具长为小穗 2 倍的丝状柔毛；雄蕊 3 枚，柱头紫黑色，自小穗中部以下的两侧伸出。颖果长圆形，长 1.5 毫米。花果期 8—10 月。

分布与生境

分布于江苏、浙江、安徽、黑龙江、吉林、辽宁、河北、山西、河南、山东、甘肃及陕西等地区。生于山坡草地和平原岗地、河岸湿地。

营养与饲用价值

早春、初夏适口性较好。地下茎可提取天然黄体素前驱物，入药可改善内分泌症状。

荻的营养成分（每 100 克干物质）

生育期	干物率 /%	粗蛋白 / 克	粗脂肪 / 克	粗纤维 / 克	无氮浸出物 / 克	粗灰分 / 克	钙 / 克	磷 / 克
开花期	20.8	7.0	2.2	31.1	51.0	8.7	—	0.09

植株

茎

叶

穗

花

小穗柔毛

生境

禾本科

52. 芒

拉丁名 *Miscanthus sinensis* Anderss.

形态特征

芒属，多年生草本。株高 1 ～ 2 米。叶鞘无毛，长于其节间；叶舌膜质，长 1 ～ 3 毫米，顶端及其后面具纤毛；叶片线形，长 20 ～ 50 厘米，宽 6 ～ 10 毫米，下面疏生柔毛及被白粉，边缘粗糙。圆锥花序直立，长 15 ～ 40 厘米，穗主轴无毛，延伸至花序的中部以下，穗轴节与分枝腋间具柔毛；分枝较粗硬，直立，不再分枝或基部枝具二次枝，长 10 ～ 30 厘米；小穗披针形，长 4.5 ～ 5.0 毫米，黄色有光泽，基盘具等长于小穗的白色或淡黄色的丝状毛；第一外稃长圆形，膜质，长约 4 毫米，边缘具纤毛；第二外稃明显短于第一外稃，先端 2 裂，裂片间具 1 芒，芒长 9 ～ 10 毫米，棕色，膝曲；雄蕊 3 枚，花药先雌蕊而成熟。颖果长圆形，暗紫色。花果期 7—12 月。

分布与生境

分布于江苏、浙江、江西、湖南、福建、台湾、广东、海南、广西、四川、贵州、云南等地区。生于山地、丘陵和荒坡原野。

营养与饲用价值

幼嫩时可作牛、羊的饲料。成熟后可作造纸原料或生物质能利用。

芒的营养成分（每 100 克干物质）

生育期	干物率 /%	粗蛋白 / 克	粗脂肪 / 克	粗纤维 / 克	无氮浸出物 / 克	粗灰分 / 克	钙 / 克	磷 / 克
拔节期	18.6	10.6	4.3	45.5	30.2	9.4	0.35	0.52

花序

茎

叶

植株

禾本科

53. 求米草

拉丁名 *Oplismenus undulatifolius* (Arduino) Beauv.

形态特征

求米草属，一年生草本。株高 20 ~ 50 厘米。茎纤细，基部平卧地面，节处生根，叶鞘短于或上部长于节间，密被疣基毛；叶舌膜质，短小，长约 1 毫米；叶披针形，长 2 ~ 8 厘米，宽 5 ~ 18 毫米，先端尖，基部略圆形而稍不对称，通常具细毛。圆锥花序长 2 ~ 10 厘米，主轴密被疣基长刺柔毛；分枝短，有时下部分枝长达 2 厘米；小穗卵圆形，被硬刺毛，长 3 ~ 4 毫米，簇生于主轴或部分孪生；第一外稃草质，与小穗等长，具 7 ~ 9 脉，顶端芒长 1 ~ 2 毫米，第一内稃通常缺；第二外稃革质，长约 3 毫米，平滑，结实时变硬，边缘包着同质的内稃；鳞被 2 枚，膜质；雄蕊 3；花柱基分离。花果期 7—11 月。

分布与生境

广泛分布于我国南北各地区。生于林缘、疏林下阴湿处。

营养与饲用价值

草质柔软，适口性一般，牛、羊喜食，可作放牧利用或调制干草。

求米草的营养成分（每 100 克干物质）

生育期	干物率 /%	粗蛋白 / 克	可溶性糖 / 克	中性洗涤纤维 / 克	酸性洗涤纤维 / 克	粗灰分 / 克	体外消化率 /%
开花期	19.4	13.7	7.4	39.9	22.9	7.5	—

生境

植株

茎　　叶　　穗

花

禾本科

54.  

拉丁名 *Panicum bisulcatum* Thunb.

形态特征

黍属，一年生草本。株高 0.5 ~ 1.0 米。茎纤细，较坚硬，直立或基部伏地，节上可生根。叶鞘松弛，边缘被纤毛；叶舌膜质，长约 0.5 毫米，顶端具纤毛；叶片质薄，狭披针形，长 5 ~ 20 厘米，宽 3 ~ 15 毫米，顶端渐尖，基部近圆形，几乎无毛。圆锥花序长 15 ~ 30 厘米，分枝纤细，斜举或平展，无毛或粗糙；小穗椭圆形，长 2.0 ~ 2.5 毫米，绿色或有时带紫色，具细柄；第一颖近三角形，长约为小穗的 1/2，具 1 ~ 3 脉，基部略微包卷小穗；第二颖与第一外稃同形并且等长，均具 5 脉，外被细毛或后脱落；第一内稃缺；第二外稃椭圆形，长约 1.8 毫米，顶端尖，表面平滑，光亮，成熟时黑褐色。鳞被长约 0.26 毫米，宽约 0.19 毫米，具 3 脉，透明或不透明，折叠。花果期 9—11 月。

分布与生境

分布于江苏、浙江及我国东南部、南部、西南部和东北部等地区。生于荒野潮湿处。

营养与饲用价值

适口性好，可作牛、羊等家畜的饲料。全株可入药，有和中益气、凉血解暑之效。

糠稷的营养成分（每 100 克干物质）

生育期	干物率 /%	粗蛋白 / 克	粗脂肪 / 克	粗纤维 / 克	无氮浸出物 / 克	粗灰分 / 克	钙 / 克	磷 / 克
成熟期	23.7	6.3	1.7	36.3	50.1	5.6	0.54	0.17

植株

花序

茎

种子

叶舌

生境

禾本科

55. 大 黍

拉丁名 *Panicum maximum* Jacq.

形态特征

黍属，多年生高大草本。株高 1 ~ 3 米。根茎肥壮。茎直立，粗壮，光滑，节上密生柔毛。叶鞘疏生疣基毛；叶舌膜质，长约 1.5 毫米，顶端被长睫毛；叶片宽线形，硬，长 20 ~ 60 厘米，宽 1.0 ~ 1.5 厘米，叶面近基部被疣基硬毛，边缘粗糙，顶端长渐尖，基部宽，向下收狭呈耳状或圆形。圆锥花序大而开展，长 20 ~ 35 厘米，分枝纤细，穗基部分枝轮生，腋内疏生柔毛；小穗长圆形，长约 3 毫米，顶端尖，无毛；第一颖卵圆形，第二颖椭圆形；第一外稃与第二颖同形，其内稃薄膜质，有 3 个雄蕊，花丝极短，白色，花药暗褐色，长约 2 毫米。花果期 8—10 月。

分布与生境

在我国江苏、浙江、广东、台湾等地区均有栽培，并有逸生。

营养与饲用价值

草质柔软，产草量高，可作牛、羊等家畜的饲料。

大黍的营养成分（每 100 克干物质）

生育期	干物率 /%	粗蛋白 / 克	粗脂肪 / 克	粗纤维 / 克	无氮浸出物 / 克	粗灰分 / 克	钙 / 克	磷 / 克
抽穗期	18.5	11.4	2.1	36.4	37.5	12.6	—	—

植株

茎

穗

花

禾本科

56. 细柄黍

拉丁名 *Panicum psilopodium* Trin.

形态特征

黍属，一年生草本。株高 20 ～ 60 厘米。茎簇生，直立。叶鞘松弛，无毛，压扁；叶舌膜质，截形，长约 1 毫米，顶端被睫毛；叶片线形，长 8 ～ 15 厘米，质柔软，两面无毛。圆锥花序开展，长 10 ～ 20 厘米，基部常为顶生叶鞘所包，花序分枝纤细，微粗糙，上举或开展；小穗卵状长圆形，长约 3 毫米，顶端尖，无毛，有柄，柄长于小穗。花果期 7—10 月。

分布与生境

华东、华南、西南均有分布。生长于河边、河谷、林中溪边的潮湿草丛中、路边草甸、丘陵灌丛、山坡和山坡路边。

营养与饲用价值

具有较高的饲用价值，家畜喜食。

细柄黍的营养成分（每 100 克干物质）

生育期	干物率 /%	粗蛋白 / 克	粗脂肪 / 克	粗纤维 / 克	无氮浸出物 / 克	粗灰分 / 克	钙 / 克	磷 / 克
开花期	29.3	5.8	4.8	43.1	38.1	8.2	—	—

茎

叶

花序

花

植株

禾本科

57. 百喜草

拉丁名 *Paspalum notatum* Flugge

形态特征

雀稗属，多年生草本。株高约 80 厘米。具粗壮、木质、多节的根状茎。茎密丛生，叶鞘基部扩大，长 10 ~ 20 厘米，长于其节间，背部压扁成脊，无毛；叶舌膜质，极短，紧贴其叶片基部有一圈短柔毛；叶片长 20 ~ 30 厘米，宽 3 ~ 8 毫米，扁平或对折，平滑无毛。总状花序 2 个对生，腋间具长柔毛，长 7 ~ 16 厘米，斜展；穗轴宽 1.0 ~ 1.8 毫米，微粗糙；小穗柄长约 1 毫米。小穗卵形，长 3.0 ~ 3.5 毫米，平滑无毛，具光泽；第二颖稍长于第一外稃，具 3 脉，中脉不明显，顶端尖；第一外稃具 3 脉。第二外稃绿白色，长约 2.8 毫米，顶端尖；花药紫色，长约 2 毫米；柱头黑褐色。花果期 9 月。

分布与生境

原产于美洲，在江苏、江西、河北等地区均有引种栽培。

营养与饲用价值

优质牧草，家畜均喜食。根系发达，可用于水土保持。

百喜草的营养成分（每 100 克干物质）

生育期	干物率 /%	粗蛋白 / 克	粗脂肪 / 克	粗纤维 / 克	无氮浸出物 / 克	粗灰分 / 克	钙 / 克	磷 / 克
抽穗期	25.5	6.3	1.2	31.3	49.2	12.0	—	—

花

穗

植株

禾本科

58. 双穗雀稗

拉丁名 *Paspalum distichum* Linn.

形态特征

雀稗属，多年生草本。株高 20 ～ 40 厘米。匍匐茎横走、粗壮，长达 1 米，部分节生柔毛。叶鞘短于节间，背部具脊，边缘或上部被柔毛；叶舌长 2 ～ 3 毫米，无毛；叶片披针形，长 5 ～ 15 厘米，宽 3 ～ 7 毫米，无毛。总状花序 2 枚对连，长 2 ～ 6 厘米；穗轴粗 1.5 ～ 2.0 毫米；小穗长圆形，长约 3 毫米，顶端尖，疏生微柔毛；第一颖退化或微小；第二颖贴生柔毛，具明显的中脉；第一外稃具 3 ～ 5 脉，通常无毛，顶端尖；第二外稃草质，等长于小穗，黄绿色，顶端尖，被毛。花果期 5—9 月。

分布与生境

分布于江苏、浙江、安徽、台湾、湖北、湖南、云南、广西、海南等地区。生于田边路旁及低湿地。

营养与饲用价值

叶多，茎粗肥嫩，适口性好，是牛、羊等家畜的优良牧草。

双穗雀稗的营养成分（每 100 克干物质）

生育期	干物率 /%	粗蛋白 / 克	粗脂肪 / 克	粗纤维 / 克	无氮浸出物 / 克	粗灰分 / 克	钙 / 克	磷 / 克
抽穗期	17.6	10.0	2.1	37.4	43.3	7.2	0.27	0.14

生境

匍匐茎

植株　　茎　　花序

花

禾本科

59. 圆果雀稗

拉丁名 *Paspalum scrobiculatum* var. orbiculare (G. Forster) Hackel

形态特征

雀稗属，多年生草本。株高 30 ～ 90 厘米。茎直立，丛生，叶鞘长于其节间，无毛，鞘口有少数长柔毛，基部生有白色柔毛；叶舌长约 1.5 毫米；叶片长披针形或线形，长 10 ～ 20 厘米，宽 5 ～ 10 毫米，大多无毛。总状花序长 3 ～ 8 厘米，2 ～ 10 枚相互间距排列于长 1 ～ 3 厘米的主轴上，穗轴粗 1.5 ～ 2.0 毫米，边缘微粗糙；分枝腋间有长柔毛；小穗椭圆形或倒卵形，长 2.0 ～ 2.3 毫米，单生于穗轴一侧，覆瓦状排列成二行；小穗柄微粗糙，长约 0.5 毫米。花果期 6—11 月。

分布与生境

分布于江苏、浙江、台湾、福建、江西、湖北、四川、贵州、云南、广西、广东。广泛生于低海拔区的荒坡、草地、路旁及田间。

营养与饲用价值

饲用价值较高，适口性中等。

圆果雀稗的营养成分（每 100 克干物质）

生育期	干物率 /%	粗蛋白 / 克	粗脂肪 / 克	粗纤维 / 克	无氮浸出物 / 克	粗灰分 / 克	钙 / 克	磷 / 克
孕穗期	—	11.5	2.8	31.3	47.1	7.3	0.45	0.33

茎

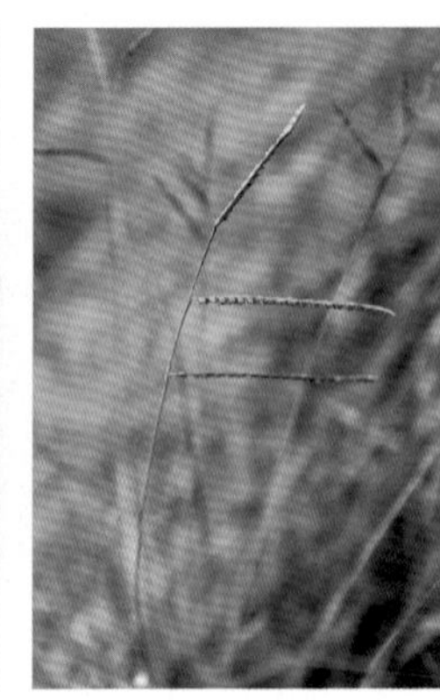

叶

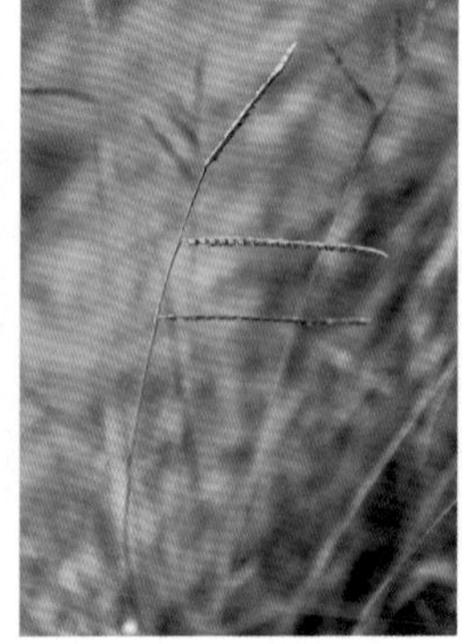

穗

花

植株

禾本科

60. 雀稗

拉丁名 *Paspalum thunbergii* Kunth ex steud.

形态特征

雀稗属，多年生草本。株高 50 ～ 100 厘米。茎直立，丛生，节被长柔毛。叶鞘具脊，长于节间，被柔毛；叶舌膜质，长 0.5 ～ 1.5 毫米；叶片线形，长 10 ～ 25 厘米，宽 5 ～ 8 毫米，两面被柔毛。总状花序 3 ～ 6 个，长 5 ～ 10 厘米，互生于长 3 ～ 8 厘米的主轴上，分枝腋间具长柔毛；穗轴宽约 1 毫米；小穗柄长 0.5 ～ 1.0 毫米；小穗倒卵形，长 2.6 ～ 2.8 毫米，宽约 2.2 毫米，散生微柔毛，顶端圆或微凸；第二颖与第一外稃相等，膜质，具 3 脉，边缘有明显微柔毛。第二外稃等长于小穗，革质，具光泽。花果期 5—10 月。

分布与生境

分布于江苏、浙江、安徽、台湾、福建、江西、湖北、湖南、四川、贵州、云南、广西、广东等地区。生于荒野潮湿草地。

营养与饲用价值

牛、羊喜食，是放牧地的优等牧草。

雀稗的营养成分（每 100 克干物质）

生育期	干物率 /%	粗蛋白 / 克	粗脂肪 / 克	粗纤维 / 克	无氮浸出物 / 克	粗灰分 / 克	钙 / 克	磷 / 克
开花期	18.4	12.4	7.0	29.1	45.1	6.4	—	—

植株

茎

花序

花

叶

生境

禾本科

61. 狼尾草

拉丁名 *Pennisetum alopecuroides* (L.) Spreng.

形态特征

狼尾草属，多年生草本。株高 30 ～ 120 厘米。须根较粗壮。茎直立，丛生。叶鞘光滑，两侧压扁，茎上部长于节间；叶舌具长约 2.5 毫米的纤毛；叶片线形，长 10 ～ 80 厘米，宽 3 ～ 8 毫米，先端长渐尖，基部生疣毛。圆锥花序直立，长 5 ～ 25 厘米，宽 1.5 ～ 3.5 厘米；主轴密生柔毛；总梗长 2 ～ 5 毫米；刚毛粗糙，淡绿色或紫色，长 1.5 ～ 3.0 厘米；小穗通常单生，偶有双生，线状披针形，长 5 ～ 8 毫米；第一小花中性。颖果长圆形，长约 3.5 毫米。花果期 7—10 月。

分布与生境

在我国华东、东北、华北、中南及西南地区均有分布。多生于田岸、荒地、道旁及小山坡上。

营养与饲用价值

早春鲜草营养丰富，牛、羊喜食；抽穗后适口性差，牛、羊不采食。全草可入药，有清肺止咳、凉血明目的功效。

狼尾草的营养成分（每 100 克干物质）

生育期	干物率 /%	粗蛋白 / 克	粗脂肪 / 克	粗纤维 / 克	无氮浸出物 / 克	粗灰分 / 克	钙 / 克	磷 / 克
营养生长期	17.5	12.6	2.3	31.9	41.2	12.0	0.59	0.19

生境

植株

茎

花序

叶

禾本科

62. 御谷

拉丁名 *Pennisetum americarum* (L.) Leeke.

形态特征

狼尾草属，一年生草本。株高 1.0 ~ 3.0 米。茎圆形，直立，光滑；多分蘖，每株 10 ~ 20 个。须根发达。叶鞘疏松而平滑；叶舌连同纤毛长 2 ~ 3 毫米；单茎生叶片 16 ~ 25 张，叶长条形，互生，叶长 30 ~ 100 厘米，宽 1 ~ 5 厘米。叶片质地较柔软，苗期叶片边缘呈微波浪形；叶两面稍粗糙，边缘具细刺。穗状花序，穗长 30 ~ 50 厘米；主轴粗壮，硬直，密生柔毛；总梗长 2 ~ 5 毫米，密生柔毛；小穗通常双生于一总苞内成束，倒卵形，长 3.5 ~ 4.5 毫米，基部稍两侧压扁；刚毛短于小穗，粗糙或基部生柔毛；第一小花雄性，第二小花两性；柱头较花药先成熟。颖果近球形或梨形，成熟时膨大外露，长约 3 毫米。每穗着生种子 3 000 ~ 5 000 粒，千粒重为 6 ~ 10 克。花果期 7—10 月。

分布与生境

原产非洲，亚洲和美洲均有引种栽培作粮食，我国许多地方均有分布。江苏、浙江有作饲草栽培。

营养与饲用价值

用作牛、羊等的饲料，不仅可以青饲，也可以作青贮原料利用。谷粒可食用，籽实作为猪、禽等单胃动物饲料，其总代谢能同玉米相近，含单宁较少，同时也是鸟类最喜欢的食物。

御谷的营养成分（每 100 克干物质）

生育期	干物率 /%	粗蛋白 / 克	粗脂肪 / 克	粗纤维 / 克	无氮浸出物 / 克	粗灰分 / 克	钙 / 克	磷 / 克
抽穗期	15.3	15.7	2.8	28.6	42.6	10.3	—	—

植株

茎

叶

花

穗

种子

禾本科

63. 牧地狼尾草

拉丁名 *Pennisetum polystachion* (Linnaeus) Schultes

形态特征

狼尾草属，多年生草本。株高 50 ～ 150 厘米。根茎短小，茎丛生。叶鞘疏松，有硬毛，边缘具纤毛，老后常宿存基部；叶舌有一圈长约 1 毫米的纤毛；叶片长条形，宽 3 ～ 15 毫米，有毛。圆锥花序为紧圆柱状，长 10 ～ 25 厘米，宽 8 ～ 10 毫米，黄色至紫色，成熟时小穗丛常反曲；刚毛不等长，外圈者较细短，内圈者有羽状绢毛，长可达 1 厘米；小穗卵状披针形，长 3 ～ 4 毫米，被短毛；第一颖退化；第二颖与第一外稃略与小穗等长，具 5 脉，先端 3 丝裂，第一内稃之二脊及先端有毛；第二外稃稍软骨质，短于小穗，长约 2.4 毫米。

分布与生境

中国台湾及海南已引种而归化，在江苏、浙江等地区有引种。常见于山坡草地。

营养与饲用价值

抽穗前牛、羊等喜食。常作景观植物栽培。

茎

叶

植株

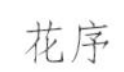

花序

花

禾本科

64. 象草

拉丁名 *Pennisetum purpureum* Schum.

形态特征

狼尾草属，多年生草本。株高 2 ~ 4 米。有时具短地下茎。茎直立，节光滑或具毛，在花序基部密生柔毛。叶鞘光滑或具疣毛；叶舌短小，具长 1.5 ~ 5.0 毫米的纤毛；叶片线形，扁平，较硬，长 20 ~ 50 厘米，宽 1 ~ 2 厘米，上面疏生刺毛，近基部有小疣毛，下面无毛，边缘粗糙。圆锥花序长 10 ~ 30 厘米，宽 1 ~ 3 厘米；主轴密生长柔毛，直立或稍弯曲；刚毛金黄色、淡褐色或紫色，长 1 ~ 2 厘米，生长柔毛而呈羽毛状；小穗通常单生或 2 ~ 3 簇生，披针形，长 5 ~ 8 毫米，近无柄，则两侧小穗具长约 2 毫米短柄，成熟时与主轴交成直角呈近篦齿状排列；第一颖长约 0.5 毫米或退化；第二颖披针形，长约为小穗的 1/3；第一小花雄性。花果期 8—11 月。

分布与生境

江苏、江西、四川、广东、广西、云南等地区多引种栽培。原产于非洲。

营养与饲用价值

产量高，适口性好，牛、羊等家畜喜食。是有前景的能源植物。

象草的营养成分（每 100 克干物质）

生育期	干物率 /%	粗蛋白 / 克	粗脂肪 / 克	粗纤维 / 克	无氮浸出物 / 克	粗灰分 / 克	钙 / 克	磷 / 克
拔节期	18.6	10.6	2.0	33.1	44.7	9.6	0.34	0.47

茎

叶舌

植株

气生根

花序

生境

禾本科

65. 显子草

拉丁名 *Phaenosperma globosa* Munro ex Benth.

形态特征

显子草属，多年生草本。株高 100 ～ 150 厘米。根较稀疏而硬。茎单生或少数丛生，光滑无毛，直立，坚硬，具 4 ～ 5 节。叶鞘光滑，通常短于节间；叶舌质硬，长 5 ～ 25 毫米，两侧下延；叶片宽线形，常翻转而使叶面向下成灰绿色，叶背向上成深绿色，两面粗糙或平滑，基部狭窄，先端渐尖细，长 10 ～ 40 厘米，宽 1 ～ 3 厘米。圆锥花序长 15 ～ 40 厘米，分枝在下部多轮生，幼时向上斜升，成熟时极开展；小穗背腹压扁，长 4.0 ～ 4.5 毫米。颖果倒卵球形，黑褐色，表面具皱纹，成熟后露出稃外。花果期 5—9 月。

分布与生境

分布于华东、华北、中南、西南等地区。生于山坡林下、山谷溪旁及路边草丛。

营养与饲用价值

抽穗前适口性好，可作牛、羊等的饲料。全草可入药，具有补虚健脾、活血调经的功效。

显子草的营养成分（每 100 克干物质）

生育期	干物率 /%	粗蛋白 / 克	可溶性糖 / 克	中性洗涤纤维 / 克	酸性洗涤纤维 / 克	粗灰分 / 克	体外消化率 /%
营养生长期	18.9	23.5	16.3	43.5	27.0	8.4	74.5

茎

叶

种子

植株

花序

生境

禾本科

66. 虉 草

拉丁名 *Phalaris arundinacea* L.

形态特征

虉草属，多年生草本。株高 60 ～ 140 厘米。有根茎，茎通常单生或少数丛生，有 6 ～ 8 节。叶鞘无毛，下部者长，而上部者短于节间；叶舌薄膜质，长 2 ～ 3 毫米；叶片扁平，长 6 ～ 30 厘米，宽 1.0 ～ 1.8 厘米。圆锥花序紧密狭窄，长 8 ～ 15 厘米，分枝直向上举，密生小穗；小穗长 4 ～ 5 毫米，无毛或有微毛；颖沿脊上粗糙，上部有极狭的翼；孕花外稃宽披针形，长 3 ～ 4 毫米，上部有柔毛；内稃舟形，背具 1 脊，脊的两侧疏生柔毛；花药长 2.0 ～ 2.5 毫米；不孕外稃 2 枚，退化为线形，具柔毛。花果期 6—8 月。

分布与生境

分布于江苏、浙江、山东、江西、湖南、四川等地区。生于潮湿草地、河边低湿处。

营养与饲用价值

植株幼嫩时被牛、羊等家畜采食，适口性中低等。茎可作编织用具或造纸。

虉草的营养成分（每 100 克干物质）

生育期	干物率 /%	粗蛋白 / 克	粗脂肪 / 克	粗纤维 / 克	无氮浸出物 / 克	粗灰分 / 克	钙 / 克	磷 / 克
营养生长期	—	10.5	1.9	38.2	38.4	11.0	0.51	0.20

地下茎

茎

叶舌

花序

植株

生境

禾本科

67. 芦苇

拉丁名 *Phragmites australis* (Cav.) Trin. ex Steud.

形态特征

芦苇属，多年生草本。株高 1 ～ 3 米。根状茎十分发达。茎直立，具 20 多节，基部节间较短，节下被腊粉。叶舌边缘密生一圈长约 1 毫米的短纤毛，两侧缘毛长 3 ～ 5 毫米，易脱落；叶片披针状线形，长 30 厘米，无毛，顶端长渐尖成丝形。圆锥花序，长 20 ～ 40 厘米，分枝多数，着生稠密下垂的小穗；小穗柄长 2 ～ 4 毫米，无毛；小穗长约 12 毫米，含 4 花；第二外稃基盘延长，两侧密生等长于外稃的丝状柔毛，与无毛的小穗轴相连接处具明显关节，成熟后易自关节上脱落；颖果长约 1.5 毫米。花果期 8—10 月。

分布与生境

分布于全国各地。生于江河湖泽、池塘沟渠沿岸和低湿地。

营养与饲用价值

嫩茎叶可作牛、羊等家畜的粗饲料。叶可作茶饮，有清热、生津的功效。

芦苇的营养成分（每 100 克干物质）

生育期	干物率 /%	粗蛋白 / 克	粗脂肪 / 克	粗纤维 / 克	无氮浸出物 / 克	粗灰分 / 克	钙 / 克	磷 / 克
营养生长期	17.3	8.6	2.3	35.7	44.0	10.4	—	—

生境

植株

叶

花序

花

禾本科

68. 白顶早熟禾

拉丁名 *Poa acroleuca* Steud.

形态特征

早熟禾属，一年生草本。株高 30 ～ 50 厘米，具 3 ～ 4 节。叶鞘闭合；叶舌膜质，长 0.5 ～ 1.0 毫米；叶片长 7 ～ 15 厘米，宽 2 ～ 6 毫米。圆锥花序金字塔形，长 10 ～ 20 厘米；分枝 2 ～ 5 枚，细弱，微糙涩。小穗卵圆形，具 2 ～ 4 朵小花，长 2.5 ～ 3.5 毫米，灰绿色；颖披针形，质薄，具窄膜质边缘，脊上部微粗糙，第一颖长 1.5 ～ 2.0 毫米，具 1 脉；第二颖长 2.0 ～ 2.5 毫米，具 3 脉。外稃长圆形，脊与边脉中部以下具长柔毛，间脉稍明显，无毛，第一外稃长 2 ～ 3 毫米；内稃较短于外稃，脊具长柔毛。颖果纺锤形，长约 1.5 毫米。花果期 5—6 月。

分布与生境

分布于江苏、安徽、浙江、福建、云南、贵州、江西、湖北、湖南、广东等地区。生于湿润草甸、林下草地。

营养与饲用价值

用于放牧，家畜喜食，适口性好。

花序

小穗

茎

叶舌

植株

禾本科

69. 早熟禾

拉丁名 *Poa annua* L.

形态特征

早熟禾属，一年生草本。株高 10 ～ 30 厘米。茎直立或倾斜，质软，全体平滑无毛。叶鞘稍压扁，中部以下闭合；叶舌长 1 ～ 3 毫米，圆头；叶片扁平或对折，长 2 ～ 12 厘米，宽 1 ～ 4 毫米，质地柔软，常有横脉纹，顶端急尖呈船形，边缘微粗糙。圆锥花序，长 3 ～ 7 厘米，开展；分枝 1 ～ 3 枚着生各节，平滑；小穗卵形，含 3 ～ 5 朵小花，长 3 ～ 6 毫米，绿色；颖质薄，具宽膜质边缘，顶端钝；外稃卵圆形，顶端与边缘宽膜质，具明显的 5 脉，第一外秤长 3 ～ 4 毫米；内稃与外稃近等长，两脊密生丝状毛。颖果纺锤形，长约 2 毫米。花果期 4—7 月。

分布与生境

分布于我国南北各地区。生于平原和丘陵的路旁草地、田野水沟或阴蔽荒坡湿地。

营养与饲用价值

质地柔软，是牛、羊等家畜的优质饲草。

早熟禾的营养成分（每 100 克干物质）

生育期	干物率 /%	粗蛋白 / 克	粗脂肪 / 克	粗纤维 / 克	无氮浸出物 / 克	粗灰分 / 克	钙 / 克	磷 / 克
营养生长期	—	12.1	2.5	34.8	45.0	5.6	0.30	0.17

植株

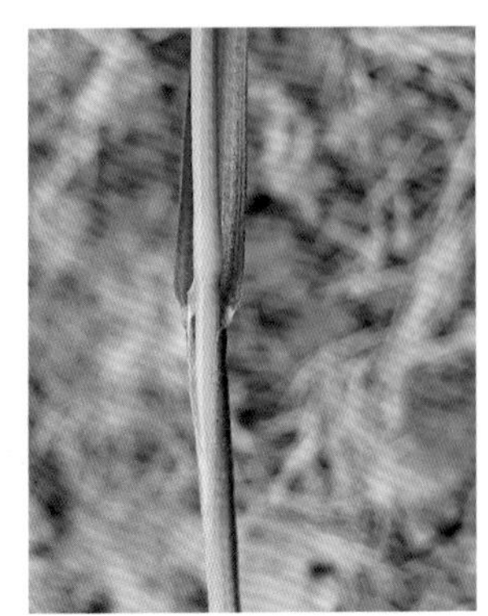

茎

叶舌

花序

花

禾本科

70. 棒头草

拉丁名 *Polypogon fugax* Nees ex Steud.

形态特征

棒头草属，一年生，株高 10 ～ 75 厘米。秆丛生，基部膝曲，大都光滑。叶鞘光滑无毛，大都短于节间；叶舌膜质，长圆形，长 3 ～ 8 毫米，常 2 裂或顶端具不整齐的裂齿；叶片扁平，微粗糙或背面光滑，长 2.5 ～ 15.0 厘米，宽 3 ～ 4 毫米。圆锥花序穗状，长圆形或卵形，较疏松，具缺刻或有间断，分枝长可达 4 厘米；小穗长约 2.5 毫米，灰绿色或部分带紫色；颖长圆形，疏被短纤毛，先端 2 浅裂，芒从裂口处伸出，细直，微粗糙，长 1 ～ 3 毫米；外稃光滑，长约 1 毫米，先端具微齿，中脉延伸成长约 2 毫米而易脱落的芒；雄蕊 3，花药长 0.7 毫米。颖果椭圆形，1 面扁平，长约 1 毫米。花果期 4—9 月。

分布与生境

在华东及南北各地均有分布。生于山坡、田边及低湿处。

营养与饲用价值

抽穗前草质柔嫩，叶量丰富，牛、羊等均喜食。全草可入药，可用于治疗关节痛。

棒头草的营养成分（每 100 克干物质）

生育期	干物率 /%	粗蛋白 / 克	粗脂肪 / 克	粗纤维 / 克	无氮浸出物 / 克	粗灰分 / 克	钙 / 克	磷 / 克
开花期	21.6	13.3	2.0	32.7	40.8	11.2	0.53	0.32

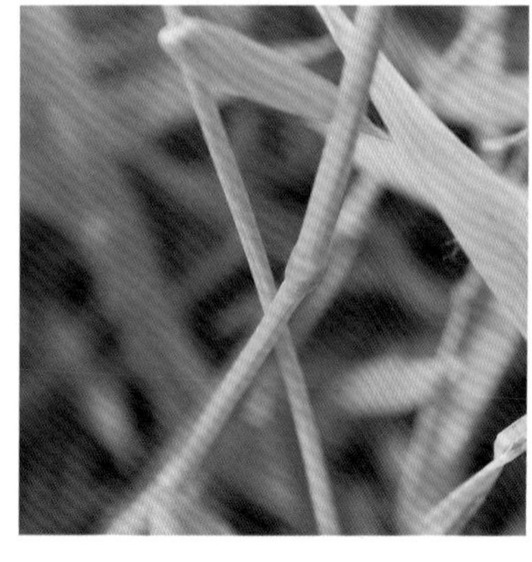

茎

叶

花序

生境

植株

禾本科

71. 长芒棒头草

拉丁名 *Polypogon monspeliensis* (L.) Desf.

形态特征

棒头草属，一年生草本。株高 30 ～ 60 厘米。茎直立或基部膝曲，大都光滑无毛，具 4 ～ 5 节，叶鞘松弛抱茎，大多短于节间；叶舌膜质，长 2 ～ 8 毫米，2 深裂或呈不规则地撕裂状；叶片长 2 ～ 13 厘米，宽 2 ～ 9 毫米，叶面及边缘粗糙，背面较光滑。圆锥花序穗状，长 5 ～ 10 厘米；小穗淡灰绿色，成熟后枯黄色，长 2.0 ～ 2.5 毫米；颖片倒卵状长圆形，被短纤毛，先端 2 浅裂，芒自裂口处伸出，细长而粗糙，长 3 ～ 7 毫米；外稃光滑无毛，长 1.0 ～ 1.2 毫米，先端具微齿，中脉延伸成约与稃体等长而易脱落的细芒；雄蕊 3 枚，花药长约 0.8 毫米。颖果倒卵状长圆形，长约 1 毫米。花果期 5—10 月。

分布与生境

分布于我国南北各地区。生于海拔 3 900 米以下的潮湿地及浅流水中。

营养与饲用价值

适口性好，是饲用品质优良的家畜粗饲料。

长芒棒头草的营养成分（每 100 克干物质）

生育期	干物率 /%	粗蛋白 / 克	粗脂肪 / 克	粗纤维 / 克	无氮浸出物 / 克	粗灰分 / 克	钙 / 克	磷 / 克
开花期	21.0	11.5	3.6	31.9	39.8	13.2	0.74	0.18

生境

植株

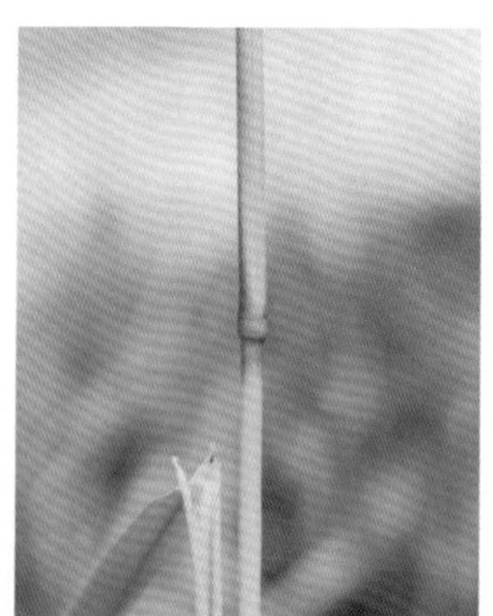

茎

叶舌

花序

禾本科

72. 碱茅

拉丁名 *Puccinellia distans* (L.) Parl.

形态特征

碱茅属，多年生草本。秆直立，丛生或基部偃卧，节着土生根，株高 30 ～ 60 厘米，径约 1 毫米，具 2 ～ 3 节，常压扁。叶鞘长于节间，平滑无毛，顶生者长约 10 厘米；叶舌长 1 ～ 2 毫米，截平或齿裂；叶片线形，长 2 ～ 10 厘米，宽 1 ～ 2 毫米，扁平或对折，微粗糙或下面平滑。圆锥花序开展，长 5 ～ 15 厘米，宽 5 ～ 6 厘米，每节具 2 ～ 6 个分枝；分枝细长，平展或下垂，下部裸露，微粗糙，基部主枝长达 8 厘米；小穗柄短；小穗含 5 ～ 7 朵小花，小穗轴节间长约 0.5 毫米，平滑无毛。颖果纺锤形，长约 1.2 毫米。花果期 5—7 月。

分布与生境

分布于江苏、山东、黑龙江、吉林、辽宁、内蒙古、山西、河北、河南、陕西、甘肃、青海和新疆等地区。生于轻度盐碱性湿润草地、田边、水溪、河谷和低草甸盐化沙地。

营养与饲用价值

适口性好，是家畜喜食的牧草。

碱茅的营养成分（每 100 克干物质）

生育期	干物率 /%	粗蛋白 / 克	可溶性糖 / 克	中性洗涤纤维 / 克	酸性洗涤纤维 / 克	粗灰分 / 克	体外消化率 /%
营养生长期	18.0	17.7	19.5	40.2	25.5	7.3	77.4

植株

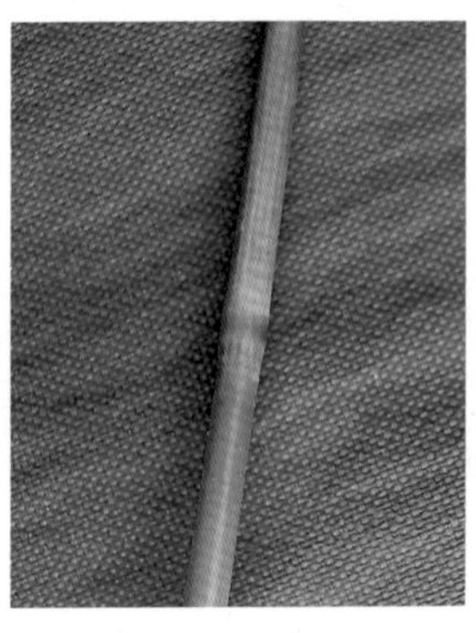

茎

叶

小穗

生境

禾本科

73. 光穗筒轴茅

拉丁名 *Rottboellia laevispica* Keng

形态特征

筒轴茅属，多年生草本。株高 1 米。茎粗壮，直径 3 ～ 5 毫米。叶片软薄，长可达 40 厘米，宽可达 16 毫米，无毛；叶舌膜质，顶端具纤毛。总状花序圆柱形，光滑无毛，长约 20 厘米；总状花序轴节间长约 10 毫米，易逐节断落。无柄小穗长圆状披针形；第一颖两侧缘具脊，长约 1 毫米，第二颖舟形，等长于第一颖，有多条脉纹，上部具脊；第一小花雄性，外稃长圆状披针形；内稃等长于外稃，2 脉；第二小花两性；鳞被阔楔形。有柄小穗仅存 2 颖，长 1 ～ 2 毫米。花果期 8—11 月。

分布与生境

江苏、安徽特有。多生于山坡林下阴湿处。

营养与饲用价值

幼嫩时适口性较好，牛、羊等采食；拔节后适口性差，牛、羊等不采食。

茎

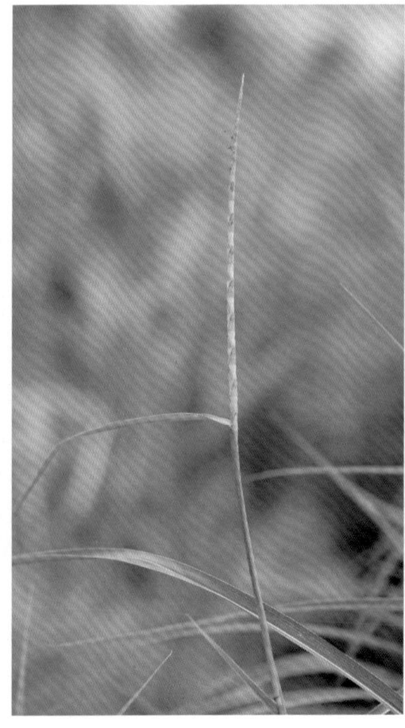

花序

花

生境

叶

植株

禾本科

74. 斑 茅

拉丁名 *Saccharum arundinaceum* Retz.

形态特征

甘蔗属，多年生草本。株高 2 ～ 4 米。茎粗壮，丛生，直径 1 ～ 2 厘米，具多数节，无毛。叶鞘长于其节间，基部或上部边缘和鞘口具柔毛；叶舌膜质，长 1 ～ 2 毫米，顶端截平；叶片线状披针形，长 1 ～ 2 米，宽 2 ～ 5 厘米，中脉明显，无毛，叶面基部生柔毛，边缘锯齿状粗糙。圆锥花序，稠密，长 30 ～ 80 厘米，宽 5 ～ 10 厘米，主轴无毛，每节着生 2 ～ 4 枚分枝，分枝 2 ～ 3 次分出，腋间被微毛；总状花序轴节间与小穗柄细线形，长 3 ～ 5 毫米，被长丝状柔毛，顶端稍膨大；无柄与有柄小穗狭披针形，长 3.5 ～ 4.0 毫米，黄绿色或带紫色，基盘小，具长约 1 毫米的短柔毛；柱头紫黑色，自小穗中部两侧伸出。颖果长圆形，长约 3 毫米。花果期 8—11 月。

分布与生境

分布于浙江、江西、湖北、湖南、福建、台湾、广东、海南、广西、贵州、四川、云南，以及河南、陕西各地区。生于山坡和河岸溪涧草地。

营养与饲用价值

早春嫩茎叶可作牛、羊饲料；入夏后适口性差，牛、羊不采食。成株可作生物质能源利用或作造纸等原料。

斑茅的营养成分（每 100 克干物质）

生育期	干物率 /%	粗蛋白 / 克	粗脂肪 / 克	粗纤维 / 克	无氮浸出物 / 克	粗灰分 / 克	钙 / 克	磷 / 克
抽穗期	18.6	9.9	2.6	51.5	27.4	8.6	0.38	0.40

生境

植株

茎

叶

花序

花

禾本科

75. 黑 麦

拉丁名 *Secale cereale* L.

形态特征

黑麦属，一年生草本。株高 100 ～ 150 厘米。茎直立、丛生，具 5 ～ 6 节。叶鞘常无毛或被白粉；叶舌长约 1.5 毫米，顶具细裂齿；叶片长 10 ～ 20 厘米，宽 5 ～ 10 毫米，背面平滑，叶面边缘粗糙。穗状花序长 5 ～ 10 厘米，宽约 1 厘米；穗轴节间长 2 ～ 4 毫米，具柔毛；小穗长约 15 毫米（除芒外），含 2 朵小花，此 2 朵小花近对生，一朵发育后另一朵退化的小花位于延伸的小穗轴上；外稃长 12 ～ 15 毫米，顶具 3 ～ 5 厘米长的芒，具 5 条脉纹，沿背部两侧脉上具细刺毛，并具内褶膜质边缘；内稃与外稃近等长。颖果长圆形，淡褐色，长约 8 毫米，顶端具毛。

分布与生境

在江苏、安徽的江淮流域多作饲草栽培。我国于北方较寒冷地区栽培。

营养与饲用价值

营养丰富，适口性好，是牛、羊等的优质饲料。籽实可作食用或饲用。

黑麦的营养成分（每 100 克干物质）

生育期	干物率 /%	粗蛋白 / 克	粗脂肪 / 克	粗纤维 / 克	无氮浸出物 / 克	粗灰分 / 克	钙 / 克	磷 / 克
始穗期	18.3	13.0	3.3	31.4	44.8	7.5	0.51	0.31

植株

茎

叶

花序

禾本科

76. 莩 草

拉丁名 *Setaria chondrachne* (Steud.) Honda

形态特征

狗尾草属，多年生草本。株高 60 ～ 150 厘米，茎直立或基部匍匐，基部质地较硬，光滑或鞘节处密生有毛。具鳞片状的横走根茎，鳞片质厚。叶鞘除边缘及鞘口具白色长纤毛外，余均无毛或极少数疏生疣基毛；叶舌极短，长约 0.5 毫米，边缘不规则且撕裂状具纤毛；叶片线状披针形或线形，长 5 ～ 38 厘米，宽 5 ～ 20 毫米，先端渐尖，基部圆形，两面无毛，极少数具疏疣基毛，表面常粗糙。圆锥花序长圆状披针形、圆锥形或线形，长 10 ～ 34 厘米，主轴具角棱，其上具短毛和极疏长柔毛，毛在分枝处较密，分枝斜向上举，下部的分枝长 1.0 ～ 2.5 厘米；小穗椭圆形，顶端尖，长约 3 毫米，常托以一枚刚毛，刚毛较细弱粗糙，长 4 ～ 10 毫米。花果期 7—10 月。

分布与生境

分布于江苏、安徽、浙江、江西、湖北、湖南、广西、贵州、四川等地区。生于路旁、林下、山坡阴湿处。

营养与饲用价值

适口性好，牛、羊等家畜均喜食。

莩草的营养成分（每 100 克干物质）

生育期	干物率 /%	粗蛋白 / 克	可溶性糖 / 克	中性洗涤纤维 / 克	酸性洗涤纤维 / 克	粗灰分 / 克	体外消化率 /%
营养生长期	20.5	9.4	11.3	42.4	28.9	7.7	—

植株

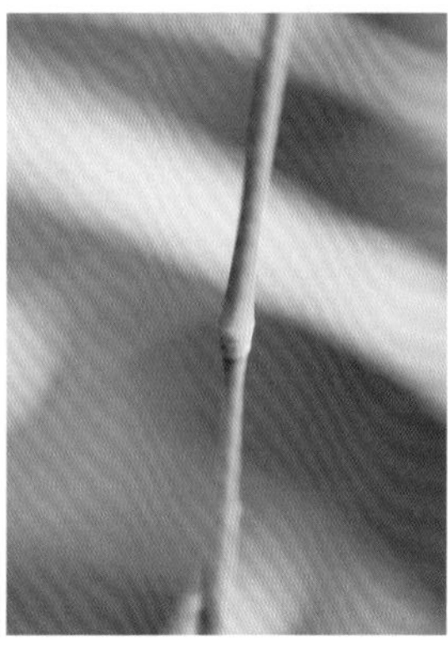

茎

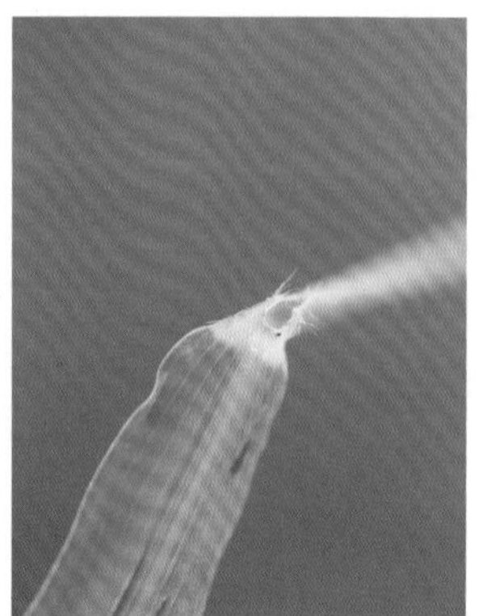

叶

花序

生境

花

禾本科

77. 大狗尾草

拉丁名 *Setaria faberii* Herrm.

形态特征

狗尾草属，一年生草本。株高 50 ～ 120 厘米，茎粗壮，直立或基部膝曲，光滑无毛；通常具支柱根。叶鞘松弛，边缘具细纤毛，部分基部叶鞘边缘膜质无毛；叶舌具密集的长 1 ～ 2 毫米的纤毛；叶片线状披针形，长 10 ～ 40 厘米，宽 5 ～ 20 毫米，叶面无毛或具较细疣毛，叶基部钝圆或渐窄狭几呈柄状，边缘具细锯齿。圆锥花序紧缩呈圆柱状，长 5 ～ 24 厘米，宽 6 ～ 13 毫米（芒除外），通常垂头，主轴具较密长柔毛；小穗椭圆形，长约 3 毫米，顶端尖，下托以 1 ～ 3 枚较粗而直的刚毛，刚毛通常绿色，少具浅褐紫色，粗糙，长 5 ～ 15 毫米；颖果椭圆形，顶端尖。花果期 7—10 月。

分布与生境

分布于江苏、浙江、安徽、台湾、江西、湖北、湖南、广西、四川、贵州及黑龙江等地区。生于山坡、路旁、田园或荒野。

营养与饲用价值

营养生长期适口性好，牛、羊均喜食，抽穗后适口性下降。全株可入药，具有清热消疳、祛风止痛的作用。

大狗尾草的营养成分（每 100 克干物质）

生育期	干物率 /%	粗蛋白 / 克	粗脂肪 / 克	粗纤维 / 克	无氮浸出物 / 克	粗灰分 / 克	钙 / 克	磷 / 克
抽穗期	16.9	9.7	2.5	40.9	39.5	7.4	0.37	0.14

植株

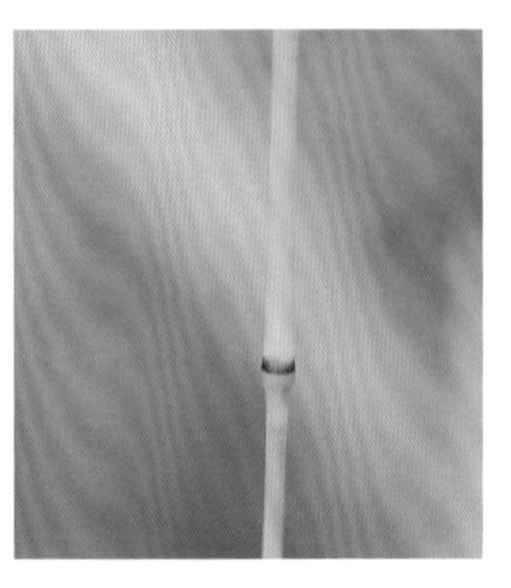
茎

叶

花序

生境

禾本科

78. 金色狗尾草

拉丁名 *Setaria pumila* (Poiret) Roemer & Schultes

形态特征

狗尾草属，一年生草本。株高 20 ～ 90 厘米。茎直立或基部倾斜膝曲，近地面节可生根，光滑无毛，仅花序下面稍粗糙。叶鞘下部扁压具脊，上部圆形，光滑无毛，边缘薄膜质，光滑无纤毛；叶舌具一圈长约 1 毫米的纤毛，叶片线状披针形或狭披针形，长 5 ～ 40 厘米，宽 2 ～ 10 毫米，先端长渐尖，基部钝圆，叶面粗糙，背面光滑，近基部疏生长柔毛。圆锥花序紧密呈圆柱状或狭圆锥状，长 3 ～ 17 厘米，宽 4 ～ 8 毫米（刚毛除外），直立，主轴具短细柔毛，刚毛金黄色或稍带褐色，粗糙，长 4 ～ 8 毫米，先端尖，通常在一簇中仅具一个发育的小穗；第一小花雄性或中性，第二小花两性。花果期 6—10 月。

分布与生境

遍布全国各地。生于林边、山坡、路边和荒芜的园地及荒野。

营养与饲用价值

适口性好，是牛、羊等优质的饲草。可晒制干草。

金色狗尾草的营养成分（每 100 克干物质）

生育期	干物率 /%	粗蛋白 / 克	粗脂肪 / 克	粗纤维 / 克	无氮浸出物 / 克	粗灰分 / 克	钙 / 克	磷 / 克
抽穗期	17.5	11.6	2.6	34.3	43.4	8.1	0.63	0.19

生境

植株

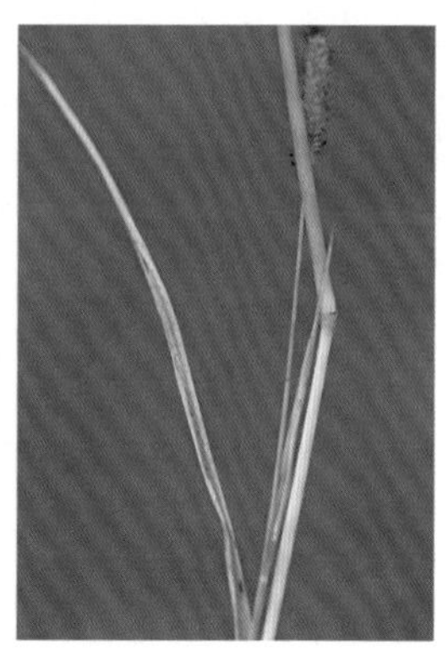

茎

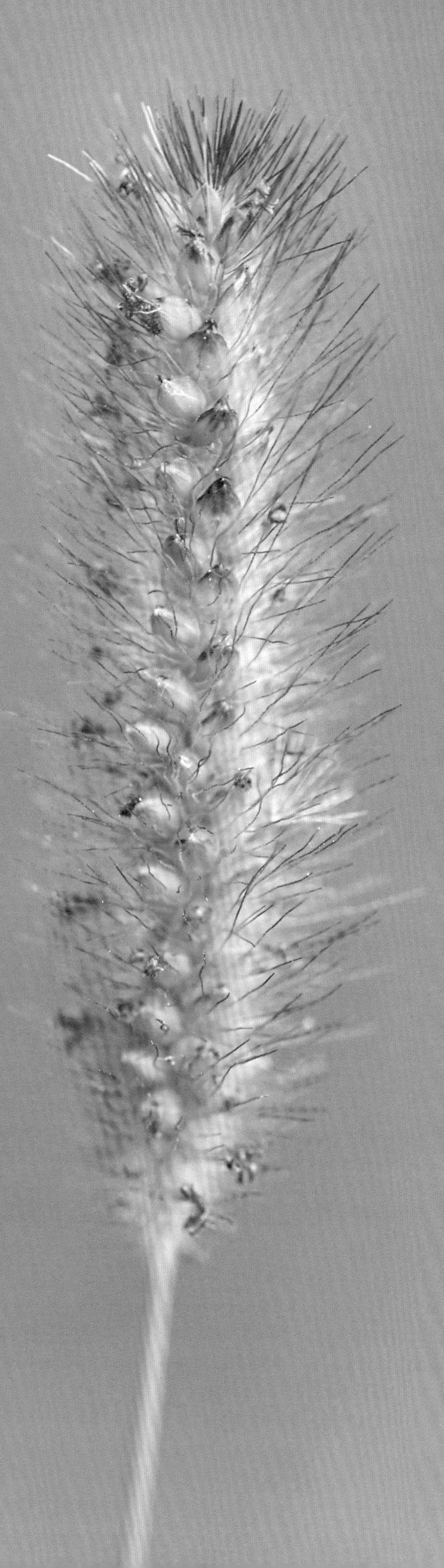

花序

禾本科

79. 苏丹草

拉丁名 *Sorghum sudanense* (Piper) Stapf

形态特征

高粱属，一年生草本。株高 1.0 ～ 2.5 米。须根粗壮。茎较细，直径 3 ～ 6 毫米，多分蘖，丛生。叶鞘基部者长于节间，上部者短于节间，无毛，或基部及鞘口具柔毛；叶舌硬膜质，棕褐色，顶端具毛；叶片线形或披针形，长 15 ～ 30 厘米，宽 1 ～ 3 厘米，向先端渐狭而尖锐，中部以下逐渐收狭，叶背面淡绿色，中脉粗，在背面隆起，两面无毛。圆锥花序狭长卵形至塔形，较疏松，长 15 ～ 30 厘米，主轴具棱，棱间具浅沟槽，分枝斜升，开展，具小刺毛，下部分枝长 7 ～ 12 厘米，上部者较短，每一分枝具 2 ～ 5 节，具微毛。无柄小穗长椭圆形，或长椭圆状披针形。颖果椭圆形至倒卵状椭圆形，长 3.5 ～ 4.5 毫米。花果期 7—9 月。

分布与生境

1949 年前引进华东地区，在旱地作饲草栽培，有逸生。现分布在全国大部分地区。

营养与饲用价值

产量高，饲用品质好，为牛、羊及淡水草食性鱼的优质饲草料。

苏丹草营养成分（每 100 克干物质）

生育期	干物率 /%	粗蛋白 / 克	粗脂肪 / 克	粗纤维 / 克	无氮浸出物 / 克	粗灰分 / 克	钙 / 克	磷 / 克
抽穗期	17.3	8.2	1.9	33.7	46.3	9.9	—	—

植株

气生根

花序

叶

禾本科

80. 互花米草

拉丁名 *Spartina alterniflora* Lois.

形态特征

米草属，多年生草本。株高 1.0 ～ 2.5 米，茎直立、坚韧。根系发达，由须根和长而粗的地下茎组成。叶腋有腋芽。叶互生，呈长披针形，长 90 厘米，宽 1.5 ～ 2.0 厘米，具盐腺，由于根吸收的盐分大都由盐腺排出体外，因而叶表面往往有白色粉状的盐霜出现。圆锥花序长 20 ～ 45 厘米，具 10 ～ 20 个穗形总状花序，有 16 ～ 24 个小穗，小穗侧扁，长约 1 厘米；两性花；两柱头很长，呈白色羽毛状；雄蕊 3 个，花药成熟时纵向开裂，花粉黄色。颖果长 0.8 ～ 1.5 厘米，胚呈浅绿色或蜡黄色。花果期 8—12 月。

分布与生境

原产于北美洲大西洋沿岸，1979 年引入我国后，现在江苏、浙江和福建沿海地区有广泛分布。

营养与饲用价值

6—9 月适期收获时适口性较好，牛、羊喜食，具有一定的饲用价值。

苗

茎

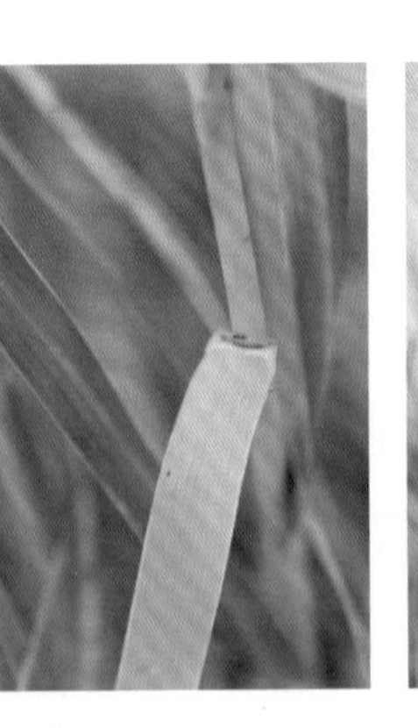
叶

花序

种子

生境

植株

禾本科

81. 大米草

拉丁名 *Spartina anglica* Hubb.

形态特征

米草属，多年生草本。株高 50 ～ 150 厘米。茎粗 3 ～ 5 毫米，无毛，直立，分蘖多，成丛；叶鞘大多长于节间，无毛，基部叶鞘常撕裂成纤维状而宿存；叶舌长约 1 毫米，具长约 1.5 毫米的白色纤毛；叶片线形，先端渐尖，基部圆形，两面无毛，长约 20 厘米，宽 8 ～ 10 厘米，中脉不明显。穗状花序长 7 ～ 11 厘米，劲直而靠近主轴，先端常延伸成芒刺状，穗轴具 3 棱，无毛，2 ～ 6 枚总状着生于主轴上；小穗单生，长卵状披针形，疏生短柔毛，长 14 ～ 18 毫米，无柄，成熟时整个脱落；花药黄色，长约 5 毫米，柱头白色羽毛状。颖果圆柱形，长约 10 毫米，光滑无毛。花果期 8—10 月。

分布与生境

广泛分布于我国华东沿海地区。生于潮间带，在潮水能经常到达的海滩沼泽中，形成稠密的群落，有较好的促淤、护堤作用。

营养与饲用价值

饲用价值较好，但因生境而难以利用。

大米草的营养成分（每 100 克干物质）

生育期	干物率 /%	粗蛋白 / 克	粗脂肪 / 克	粗纤维 / 克	无氮浸出物 / 克	粗灰分 / 克	钙 / 克	磷 / 克
拔节期	21.0	9.1	2.8	32.4	46.2	9.5	0.51	0.25

生境

叶舌

穗轴

花

植株

禾本科

82. 大油芒

拉丁名 *Spodiopogon sibiricus* Trin.

形态特征

大油芒属，多年生草本。株高 70 ～ 150 厘米。茎直立，具 5 ～ 9 节。具质地坚硬密被鳞状苞片的长根状茎。叶鞘大多长于节间，无毛或上部生柔毛，鞘口具长柔毛；叶舌干膜质，截平，长 1 ～ 2 毫米，叶片线状披针形，长 15 ～ 30 厘米（顶生者较短），中脉粗壮隆起，两面贴生柔毛或基部被疣基柔毛。圆锥花序长 10 ～ 20 厘米，主轴无毛，腋间生柔毛；分枝近轮生，下部裸露，上部单纯或具 2 个小枝；总状花序长 1 ～ 2 厘米，具有 2 ～ 4 节，节具茸毛，节间及小穗柄两侧具长纤毛；小穗长 5.0 ～ 5.5 毫米，宽披针形，草黄色或稍带紫色。第二小花两性；柱头棕褐色，帚刷状。颖果长圆状披针形，棕栗色，长约 2 毫米。花果期 7—10 月。

分布与生境

分布于江苏、安徽、浙江、辽宁、内蒙古、河北、山西、河南、陕西、甘肃、山东、江西、湖北、湖南等地区。通常生于山坡、路旁林荫之下。

营养与饲用价值

早春草质幼嫩时适口性好，可作牛、羊等饲料。

大油芒的营养成分（每 100 克干物质）

生育期	干物率 /%	粗蛋白 / 克	粗脂肪 / 克	粗纤维 / 克	无氮浸出物 / 克	粗灰分 / 克	钙 / 克	磷 / 克
开花期	27.1	4.5	1.1	43.7	40.9	9.8	—	—

植株

叶

叶鞘

花序

花

禾本科

83. 鼠尾粟

拉丁名 *Sporobolus fertilis* (Steud.) W. D. Clayt.

形态特征

鼠尾粟属，多年生草本。株高 25 ～ 80 厘米，须根粗壮且长。茎直立，丛生，质地坚硬，平滑无毛。叶鞘疏松裹茎，基部较宽，平滑无毛或其边缘有极短的纤毛，下部长于节间；叶舌极短，长约 0.2 毫米，纤毛状；叶片质较硬，平滑无毛，或基部疏生柔毛，通常内卷，先端长渐尖，长 15 ～ 65 厘米，宽 2 ～ 5 毫米。圆锥花序较紧缩呈线形，常间断，或稠密近穗形，长 7 ～ 44 厘米，宽 0.5 ～ 1.2 厘米，分枝稍坚硬，直立，与主轴贴生或倾斜，通常长 1.0 ～ 2.5 厘米，基部者较长，一般不超过 6 厘米，小穗密集着生其上；小穗灰绿色且略带紫色。囊果成熟后红褐色，倒卵形或椭圆形，顶端截平。花果期 4—11 月。

分布与生境

分布于华东、华中、西南等地区。生于田野路边、山坡草地及山谷湿处和林下。

营养与饲用价值

可作牛、羊等家畜饲料，适口性中等。全草可入药，具有清热、凉血、解毒、利尿的功效。

鼠尾粟的营养成分（每 100 克干物质）

生育期	干物率 /%	粗蛋白 / 克	粗脂肪 / 克	粗纤维 / 克	无氮浸出物 / 克	粗灰分 / 克	钙 / 克	磷 / 克
成熟期	35.8	5.4	0.8	47.8	36.7	9.3	0.31	0.14

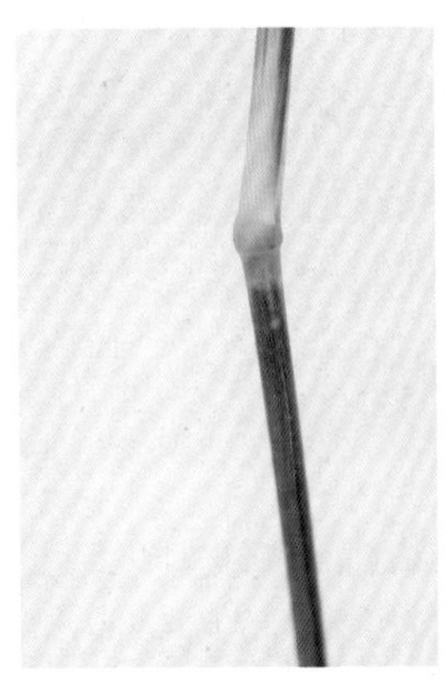
茎

叶

花序

种子

植株

生境

禾本科

84. 盐地鼠尾粟

拉丁名 *Sporobolus virginicus* (L.) Kunth

形态特征

鼠尾粟属，多年生草本。株高 15 ～ 50 厘米，茎粗 1 ～ 2 毫米。叶鞘紧包茎，无毛，鞘口常有毛，叶舌长约 0.2 毫米，纤毛状；叶较硬，扁平或内卷针状，长 3 ～ 10 厘米，宽 1 ～ 3 毫米，叶面粗糙，背面无毛。圆锥花序穗状，长 3.5 ～ 10.0 厘米，宽 0.4 ～ 1.0 厘米；枝梗直立且贴生，下部分出小枝梗与小穗；小穗灰绿至草黄色，披针形，长 2 ～ 3 毫米；颖薄，无毛，先端尖，具 1 脉，第一颖长约为小穗 2/3，第二颖等长或稍长于小穗；外稃宽披针形，先端钝；内稃等长于外稃。花果期 6—9 月。

分布与生境

分布于江苏、浙江、广东、福建、台湾等地区。生于滨海盐土、田野沙土及河岸边。

营养与饲用价值

适口性好，牛、羊等喜食。可青饲、放牧或晒制干草。匍匐茎发达，可用作固土植物。

盐地鼠尾粟的营养成分（每 100 克干物质）

生育期	干物率 /%	粗蛋白 / 克	可溶性糖 / 克	中性洗涤纤维 / 克	酸性洗涤纤维 / 克	粗灰分 / 克	体外消化率 /%
营养生长期	19.8	16.2	18.7	41.7	29.1	8.8	69.7

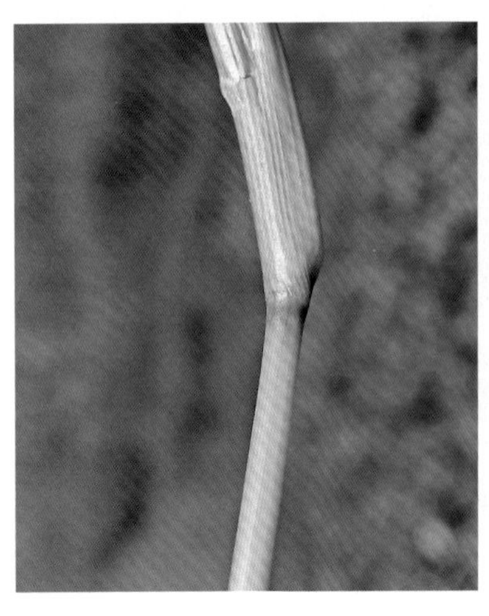
茎

叶

花

植株

花序

生境

禾本科

85. 钝叶草

拉丁名 *Stenotaphrum helferi* Munro ex Hook. f.

形态特征

钝叶草属，多年生草本。株高 10 ～ 40 厘米。茎下部匍匐，于节处生根，叶鞘松弛，通常长于节间，扁，背部具脊，常仅包节间下部，平滑无毛；叶舌极短，顶端有白色短纤毛；叶片带状，长 5 ～ 17 厘米，宽 5 ～ 11 毫米，顶端微钝，具短尖头，基部截平或近圆形，两面无毛，边缘粗糙。花序主轴扁平呈叶状，具翼，长 10 ～ 15 厘米，宽 3 ～ 5 毫米，边缘微粗糙；穗状花序嵌生于主轴的凹穴内，长 7 ～ 18 毫米，穗轴三棱形，边缘粗糙；小穗互生，卵状披针形，长 4.0 ～ 4.5 毫米，含 2 朵小花，第一小花雄性，第二小花结实；第一外稃与小穗等长；第二外稃革质，有被微毛的小尖头，边缘包卷内稃。花果期 8—10 月。

分布与生境

分布于江苏、安徽、广东、云南等地区。多生于低海拔湿润草地、林缘或疏林中。耐旱性强。

营养与饲用价值

叶肥厚柔嫩，为优良放牧草和草坪草。

植株

生境

茎

叶

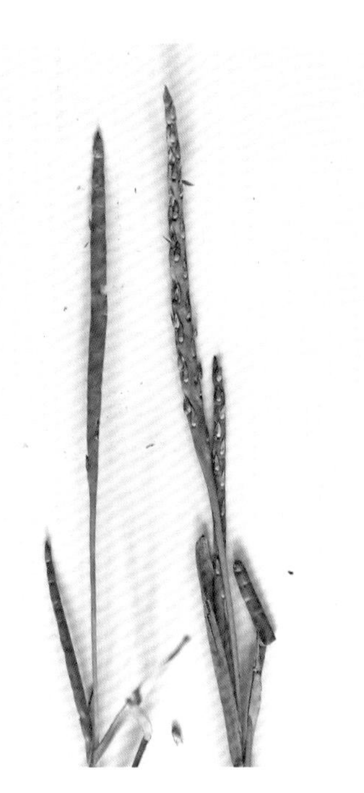

花序

花

禾本科

86. 黄背草

拉丁名 *Themeda triandra* Forsk.

形态特征

菅属，多年生草本。株高 60 ～ 100 厘米。从生。叶鞘压扁具脊，具瘤基柔毛；叶片线形，长 10 ～ 30 厘米，宽 3 ～ 5 毫米，基部具瘤基毛。伪圆锥花序狭窄，长 20 ～ 30 厘米，由具线形佛焰苞的总状花序组成，佛焰苞长约 3 厘米；总状花序长约 1.5 厘米，由 7 个小穗组成，基部 2 对总苞状小穗着生同一平面。有柄小穗雄性；无柄小穗两性，纺锤状圆柱形，长约 8 毫米，基盘具长约 2 毫米的棕色糙毛。第二外稃具长约 4 厘米的芒，1 ～ 2 回膝曲，芒柱粗糙或密生短毛。花果期 6—9 月。

分布与生境

分布于江苏、浙江、安徽等地区。生于山坡灌丛、草地或林缘。

营养与饲用价值

牛、羊对幼嫩时的植株的适口性中等，抽穗后牛、羊采食性低。

黄背草的营养成分（每 100 克干物质）

生育期	干物率 /%	粗蛋白 / 克	粗脂肪 / 克	粗纤维 / 克	无氮浸出物 / 克	粗灰分 / 克	钙 / 克	磷 / 克
拔节期	18.0	7.2	2.5	30.7	51.6	8.0	0.41	0.22

植株

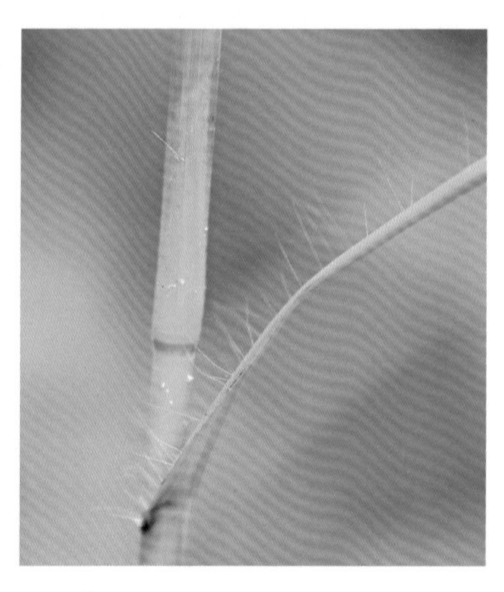

茎

花

生境

禾本科

87. 菅

拉丁名 *Themeda villosa* (Poir.) A. Camus

形态特征

菅属，多年生草本。株高 1 ～ 2 米，茎粗壮，多簇生。叶鞘光滑无毛，下部具粗脊；叶舌短，膜质，顶端具短纤毛；叶片线形，长 20 ～ 100 厘米或更长，宽 1.0 ～ 1.5 厘米。中脉粗，白色，侧脉显著。多回复出的大型伪圆锥花序，由具佛焰苞的总状花序组成，长可达 1 米；总状花序长 2 ～ 3 厘米，具长 0.5 ～ 2.0 厘米的总花梗；总花梗上部常被毛，顶端膨大，佛焰苞舟形，长 2.0 ～ 3.5 厘米，具脊，粗糙，多脉；每总状花序由 9 ～ 11 个小穗组成。总苞状 2 对小穗披针形，不着生在同一水平上。无柄小穗长 7 ～ 8 毫米，基盘密具硬粗毛和褐色短毛；第一小花不孕，第二小花两性；有柄小穗狭长，长 1.5 ～ 2.0 厘米。颖果被毛或脱落，成熟时褐色。花果期 8—11 月。

分布与生境

分布于浙江、江西、福建、湖北、湖南、广东、广西、四川、贵州、云南等地区。生于山坡灌丛、草地或林缘向阳处。

营养与饲用价值

营养生长期牛、羊等适口性较好，采食性中等。

生境

花序

植株

小穗

禾本科

88. 中华草沙蚕

拉丁名 *Tripogon chinensis* (Franch.) Hack.

形态特征

草沙蚕属，多年生草本。株高 10 ～ 30 厘米。茎直立，细弱，光滑。须根发达。叶鞘鞘口处有白色长柔毛；叶舌膜质，长约 0.5 毫米，具纤毛；叶片狭线形，常内卷成刺毛状，叶面微粗糙且向基部疏生柔毛，背面平滑无毛。穗状花序细弱，长 8 ～ 11 厘米，穗轴三棱形，微扭曲，多平滑无毛；小穗披针形，铅绿色，长 5 ～ 8 毫米，含 3 ～ 5 朵小花；颖具宽而透明的膜质边缘。主脉延伸成短且直的芒，芒长 1 ～ 2 毫米；第一外稃长 3 ～ 4 毫米，基盘被长约 1 毫米的柔毛；内稃膜质，等长或稍短于外稃，脊上粗糙，具微小纤毛。花果期 7—9 月。

分布与生境

分布于江苏、安徽、黑龙江、辽宁、内蒙古、甘肃、新疆、陕西、山西、河北、河南、山东、台湾、江西、四川等地区。多生于中低海拔的干燥山坡草地。

营养与饲用价值

营养生长期可作家畜粗饲料，适口性较好。

中华草沙蚕的营养成分（每 100 克干物质）

生育期	干物率 /%	粗蛋白 / 克	粗脂肪 / 克	粗纤维 / 克	无氮浸出物 / 克	粗灰分 / 克	钙 / 克	磷 / 克
成熟期	25.7	6.4	2.6	38.9	42.8	9.3	0.35	0.27

生境

植株

花序

抽穗

禾本科

89. 磨擦草

拉丁名 *Tripsacum laxum* Nash

形态特征

磨擦草属，多年生草本。株高 2 ～ 3 米。基部直径达 2.5 厘米；直立，粗壮。须根发达，下部茎节有气根，基部气根伸入土中。叶鞘无毛，老后宿存，叶片宽大，长披针形，长达 1 米，宽达 9 厘米；具长叶鞘，长 20 ～ 30 厘米，互生于茎的两侧；叶舌膜质，长约 1 毫米。圆锥花序顶生或腋生，由数枚细弱的总状花序组成；小穗单性，雌雄同序；雄小穗长约 4 毫米；雌小穗位于雄花序的基部，嵌埋于肥厚序轴中。花果期 7—10 月。

分布与生境

浙江、江苏及华南各地区有分布。生于沿海滩涂低盐土地带，常与芦苇混生。

营养与饲用价值

幼株适口性较好，牛、羊等采食。适于刈割青饲或调制成青贮料。

磨擦草的营养成分（每 100 克干物质）

生育期	干物率 /%	粗蛋白 / 克	可溶性糖 / 克	中性洗涤纤维 / 克	酸性洗涤纤维 / 克	粗灰分 / 克	体外消化率 /%
开花期	15.3	12.9	7.2	39.3	22.3	7.3	52.1

生境

植株

茎　　叶　　花序

花

禾本科

90. 菰

拉丁名 *Zizania latifolia* (Griseb.) Stapf

形态特征

菰属，多年生草本。株高 1 ～ 2 米。直立，具多数节，基部节上生不定根。具匍匐根状茎，须根粗壮。叶鞘长于其节间，肥厚，有小横脉；叶舌膜质，长约 1.5 厘米，顶端尖；叶片扁平宽大，长 50 ～ 90 厘米，宽 15 ～ 30 毫米。圆锥花序长 30 ～ 50 厘米，分枝多数簇生，上升，果期开展；雄小穗长 10 ～ 15 毫米，两侧压扁，着生于花序下部或分枝之上部，带紫色，外稃具 5 脉，顶端渐尖具小尖头，内稃具 3 脉，中脉成脊，具毛，雄蕊 6 枚，花药长 5 ～ 10 毫米；雌小穗圆筒形，长 18 ～ 25 毫米，宽 1.5 ～ 2.0 毫米，着生于花序上部和分枝下方与主轴贴生处，外稃之 5 脉粗糙，芒长 20 ～ 30 毫米，内稃具 3 脉。颖果圆柱形，长约 12 毫米。花果期 7—10 月。

分布与生境

分布于华东地区，以及黑龙江、吉林、辽宁、内蒙古、河北、甘肃、陕西、四川、湖北、湖南、广东、台湾等地。水生或沼生，常见栽培。

营养与饲用价值

全草为牛、羊等的优良饲料。基部嫩茎被真菌寄生后，粗大肥嫩，称为茭白，是优质蔬菜。同时也是优良的固堤护坡植物。

菰的营养成分（每 100 克干物质）

生育期	干物率 /%	粗蛋白 / 克	粗脂肪 / 克	粗纤维 / 克	无氮浸出物 / 克	粗灰分 / 克	钙 / 克	磷 / 克
开花期	19.5	7.7	1.4	39.5	36.1	15.3	0.49	0.24

生境

花序

植株　叶　小穗

禾本科

91. 中华结缕草

拉丁名 *Zoysia sinica* Hance

形态特征

结缕草属，多年生草本。株高 13 ～ 30 厘米。具横走根茎，茎直立，茎部常具宿存枯萎的叶鞘。叶鞘无毛，上部短于节间，鞘口具长柔毛；叶舌短而不明显；叶片淡绿或灰绿色，背面色较淡，叶长达 10 厘米，宽 1 ～ 3 毫米，无毛，质地稍坚硬，扁平或边缘内卷。总状花序穗形，小穗排列稍疏，长 2 ～ 4 厘米，宽 4 ～ 5 毫米，伸出叶鞘外；小穗披针形或卵状披针形，黄褐色或略带紫色，长 4 ～ 5 毫米，具长约 3 毫米的小穗柄。颖果棕褐色，长椭圆形，长约 3 毫米。花果期 5—10 月。

分布与生境

分布于江苏、安徽、浙江、辽宁、河北、山东、福建、广东、台湾等地区。生于海边沙滩、河岸、路旁的草丛中。

营养与饲用价值

根系发达，再生性较好，适宜放牧。生长匍匐性好，多用作草坪。

中华结缕草的营养成分（每 100 克干物质）

生育期	干物率 /%	粗蛋白 / 克	粗脂肪 / 克	粗纤维 / 克	无氮浸出物 / 克	粗灰分 / 克	钙 / 克	磷 / 克
开花期	12.7	9.1	3.7	33.7	43.3	10.2	0.44	0.16

植株

匍匐茎

叶

花序

生境

云实科

92. 云 实

拉丁名 *Caesalpinia decapetala* (Roth) Alston

形态特征

云实属，多年生藤本。树皮暗红色，枝、叶轴和花序均被柔毛和钩刺。二回羽状复叶长 20 ～ 30 厘米；羽片 3 ～ 10 对，对生，具柄，基部有刺 1 对；小叶 8 ～ 12 对，膜质，长圆形，长 10 ～ 25 毫米，宽 6 ～ 12 毫米，两端近圆钝，叶两面均被短柔毛，老时渐无毛；托叶小，斜卵形，先端渐尖，早落。总状花序顶生，直立，长 15 ～ 30 厘米，具多花；总花梗多刺；花梗长 3 ～ 4 厘米，被毛，在花萼下具关节，故花易脱落；萼片 5 个，长圆形，被短柔毛；花瓣黄色，膜质，圆形或倒卵形，长 10 ～ 12 毫米，盛开时反卷，基部具短柄。荚果长圆状舌形，长 6 ～ 12 厘米，宽 2.5 ～ 3.0 厘米，脆革质，栗褐色，无毛，有光泽，沿腹缝线膨胀成狭翅，成熟时沿腹缝线开裂，先端具尖喙；种子 6 ～ 9 颗，椭圆状，长约 11 毫米，棕色。花果期 4—10 月。

分布与生境

分布于浙江、江苏、安徽、广东、广西、云南、四川、贵州、湖南、湖北、江西、福建、河南、河北、陕西、甘肃等地区。生于山坡灌丛中及平原、丘陵、河旁等地。

营养与饲用价值

根、茎及果可作药用，有发表散寒、活血通经、解毒杀虫功效，可治筋骨疼痛、跌打损伤。种子含油 35%，可制肥皂及润滑油。

云实的营养成分（每 100 克干物质）

生育期	干物率 /%	粗蛋白 / 克	可溶性糖 / 克	中性洗涤纤维 / 克	酸性洗涤纤维 / 克	粗灰分 / 克	体外消化率 /%
成熟期（枝叶）	17.9	19.7	23.5	38.2	24.3	8.4	74.3

植株

茎

叶

种子

荚

云实科

93. 决　明

拉丁名 *Senna tora* (Linnaeus) Roxburgh

形态特征

决明属，一年生亚灌木状草本。株高 1 ~ 2 米。茎直立、粗壮。叶长 4 ~ 8 厘米；叶柄上无腺体；叶轴上每对小叶间有棒状的腺体 1 枚；小叶 3 对，膜质，倒卵形，长 2 ~ 6 厘米，宽 1.5 ~ 2.5 厘米，顶端圆钝而有小尖头，基部渐狭，偏斜，叶面被稀疏柔毛，叶背被柔毛；小叶柄长 1.5 ~ 2.0 毫米；托叶线状，被柔毛，早落。花腋生，通常 2 朵聚生；总花梗长 6 ~ 10 毫米；花梗长 1.0 ~ 1.5 厘米，丝状；萼片稍不等大，卵状长圆形，膜质，外面被柔毛，长约 8 毫米；花瓣黄色，下面二片略长，长 12 ~ 15 毫米，宽 5 ~ 7 毫米。荚果纤细，近四棱形，两端渐尖，长达 15 厘米，宽 3 ~ 4 毫米，膜质；种子菱形，光亮。花果期 8—11 月。

分布与生境

我国长江以南各地区普遍分布。生于山坡、旷野及河滩沙地上。

营养与饲用价值

适口性较好的豆科牧草。种子叫决明子，可入药或作茶饮，有清肝明目、利水通便的功效。

决明的营养成分（每 100 克干物质）

生育期	干物率 /%	粗蛋白 / 克	粗脂肪 / 克	粗纤维 / 克	无氮浸出物 / 克	粗灰分 / 克	钙 / 克	磷 / 克
营养生长期	14.3	22.2	2.8	22.5	41.2	11.3	3.38	0.26

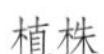

植株

荚

茎

叶

花

云实科

94. 豆茶山扁豆

拉丁名 *Senna nomame* (Makino) T. C. Chen

形态特征

山扁豆属，一年生草本。株高 30 ～ 60 厘米。稍有毛，分枝或不分枝。叶长 4 ～ 8 厘米，有小叶 8 ～ 28 对，在叶柄的上端有黑褐色、盘状、无柄腺体 1 枚；小叶长 5 ～ 9 毫米，带状披针形，稍不对称。花生于叶腋，有柄，单生或 2 至数朵组成短的总状花序；萼片 5 个，分离，外面疏被柔毛；花瓣 5 片，黄色；雄蕊 4 枚，有时 5 枚；子房密被短柔毛。荚果扁平，有毛，开裂，长 3 ～ 8 厘米，宽约 5 毫米，种子 6 ～ 12 粒；种子扁，近菱形，平滑。花果期 4 — 7 月。

分布与生境

分布于浙江、江苏、安徽、山东、江西、湖南、湖北、云南等地区。生于山坡和原野的草丛中。

营养与饲用价值

植株幼嫩时可作家畜饲料，适口性中等。全草可入药，主治水肿、肾炎、慢性便秘、咳嗽、痰多等症，种子可驱虫与健胃，可代茶饮用。

植株

荚

花

蝶形花科

95. 合萌

拉丁名 *Aeschynomene indica* L.

形态特征

合萌属，一年生草本。株高 0.3 ~ 1.0 米。茎直立，多分枝，圆柱形，无毛，具小凸点而稍粗糙，小枝绿色。叶具 20 ~ 30 对小叶；托叶膜质，卵形至披针形，长约 1 厘米，基部下延成耳状，通常有缺刻；叶柄长约 3 毫米；小叶近无柄，薄纸质，线状长圆形，长 5 ~ 15 毫米，宽 2.0 ~ 3.5 毫米，叶面密布腺点，叶背稍带白粉，先端钝圆，具细刺尖头，基部歪斜，全缘；小托叶极小。总状花序比叶短，腋生，长 1.5 ~ 2.0 厘米；总花梗长 8 ~ 12 毫米；花梗长约 1 厘米；花冠淡黄色，具紫色的纵脉纹，易脱落。荚果线状长圆形，长 3 ~ 4 厘米，宽约 3 毫米，腹缝直，背缝多少呈波状；荚节 4 ~ 8 个，不开裂，成熟时逐节脱落；种子黑棕色，肾形，长 3.0 ~ 3.5 毫米，宽 2.5 ~ 3.0 毫米。花果期 7—10 月。

分布与生境

华东及南方各地区均有分布。生于低山湿润地、水田边及河边。

营养与饲用价值

可作优良的绿肥植物和饲草，适口性中等。种子有毒，不可食用。全草可入药，能清热利湿、祛风明目、通乳。

合萌的营养成分（每 100 克干物质）

生育期	干物率 /%	粗蛋白 / 克	粗脂肪 / 克	粗纤维 / 克	无氮浸出物 / 克	粗灰分 / 克	钙 / 克	磷 / 克
开花期	21.8	17.0	7.4	27.2	39.5	8.9	—	—

植株

茎

果荚

叶

花

蝶形花科

96. 紫穗槐

拉丁名 *Amorpha fruticosa* L.

形态特征

紫穗槐属，多年生灌木，株高 1 ～ 4 米。丛生，小枝灰褐色，被疏毛，后变无毛，嫩枝密被短柔毛。叶互生，奇数羽状复叶，长 10 ～ 15 厘米，有小叶 11 ～ 25 片，基部有线形托叶；叶柄长 1 ～ 2 厘米；小叶卵形，长 1 ～ 4 厘米，先端有一短而弯曲的尖刺，基部宽楔形，叶面无毛，背面有白色短柔毛，具黑色腺点。穗状花序，长 7 ～ 15 厘米，密被短柔毛；花有短梗；旗瓣心形，紫色，无翼瓣和龙骨瓣；雄蕊 10 个，下部合生成鞘，上部分裂，包于旗瓣之中，伸出花冠外。荚果下垂，长 6 ～ 10 毫米，微弯曲，顶端具小尖，棕褐色，表面有凸起的疣状腺点。花果期 5—10 月。

分布与生境

江苏、安徽、湖北、广西、四川等地区均有分布。常见于路边、沟坡及稀疏草地。

营养与饲用价值

嫩茎叶营养丰富，是家畜的优质饲料，直接利用也可调制成草粉。

紫穗槐的营养成分（每 100 克干物质）

生育期	干物率 /%	粗蛋白 / 克	可溶性糖 / 克	中性洗涤纤维 / 克	酸性洗涤纤维 / 克	粗灰分 / 克	钙 / 克	磷 / 克
营养生长期	19.7	24.3	14.6	45.6	10.1	5.4	0.76	—

植株

枝

叶

花

生境

蝶形花科

97. 紫云英

拉丁名 *Astragalus sinicus* L.

形态特征

黄芪属，越年生草本。株高 10 ～ 30 厘米。多分枝，匍匐生长，被白色疏柔毛。奇数羽状复叶，具 7 ～ 13 片小叶，长 5 ～ 15 厘米；叶柄较叶轴短；托叶离生，卵形，长 3 ～ 6 毫米，先端尖，基部合生，具缘毛；小叶倒卵形，长 10 ～ 15 毫米，先端钝圆，基部宽楔形，具短柄。总状花序生 5 ～ 10 朵花，呈伞形；总花梗腋生，较叶长；花梗短；花萼钟状，长约 4 毫米，被白色柔毛，萼齿披针形；花冠紫红色，旗瓣倒卵形，先端微凹，基部渐狭成瓣柄，翼瓣较旗瓣短，长约 8 毫米，瓣片长圆形，基部具短耳，龙骨瓣与旗瓣近等长。荚果线状长圆形，稍弯曲，长 12 ～ 20 毫米，具短喙，黑色，具隆起的网纹；种子肾形，栗褐色。花果期 3—7 月。

分布与生境

长江流域各省区均有分布。生于海拔 400 ～ 3 000 米的山坡、溪边及潮湿处。

营养与饲用价值

优质饲料，适口性好，家畜采食率高。花前可食用。是优质蜜源植物和风景植物。

紫云英的营养成分（每 100 克干物质）

生育期	干物率 /%	粗蛋白 / 克	粗脂肪 / 克	粗纤维 / 克	无氮浸出物 / 克	粗灰分 / 克	钙 / 克	磷 / 克
盛花期	18.4	25.3	5.5	22.3	38.0	8.9	—	—

生境

植株

叶

茎

花

蝶形花科

98. 多变小冠花

拉丁名 *Coronilla varia* Linn.

形态特征

小冠花属，多年生草本。株高 50 ～ 100 厘米。茎直立，粗壮，多分枝，茎、小枝圆柱形，具条棱，髓心白色，幼时稀被白色短柔毛，后变无毛。单数羽状复叶，具小叶 9 ～ 25，长圆形或倒卵状长圆形，先端圆形或微凹，基部楔形，全缘，光滑无毛。叶柄短，长约 5 毫米，无毛；小叶薄纸质，椭圆形或长圆形，长 15 ～ 25 毫米，宽 4 ～ 8 毫米，先端具短尖头，基部近圆形，两面无毛；侧脉每边 4 ～ 5 条，可见，小脉不明显；小托叶小；小叶柄长约 1 毫米，无毛；伞形花序腋生，总花梗长约 5 厘米，具花 14 ～ 22 朵，密集排列成绣球状，花小，下垂，花冠蝶形，初为粉红色，后变为紫色，有明显紫色条纹。荚果细长圆柱形，稍扁，具 4 棱，先端有宿存的喙状花柱，具 3 ～ 13 个荚节，每节含种子 1 粒，种子肾形，黄褐色，千粒重 3.5 ～ 4.0 克。花果期 6—9 月。

分布与生境

原产欧洲地中海地区。在我国华东地区均有分布，我国东部、北部、南部有栽培。

营养与饲用价值

草质柔软，适口性良好，是反刍动物的优良牧草。花紫红色，艳丽，除供观赏外，还可作药用。

多变小冠花的营养成分（每 100 克干物质）

生育期	干物率 /%	粗蛋白 / 克	粗脂肪 / 克	粗纤维 / 克	无氮浸出物 / 克	粗灰分 / 克	钙 / 克	磷 / 克
营养期	19.5	19.8	2.9	21.2	46.2	9.9	1.60	0.30

生境

植株

茎

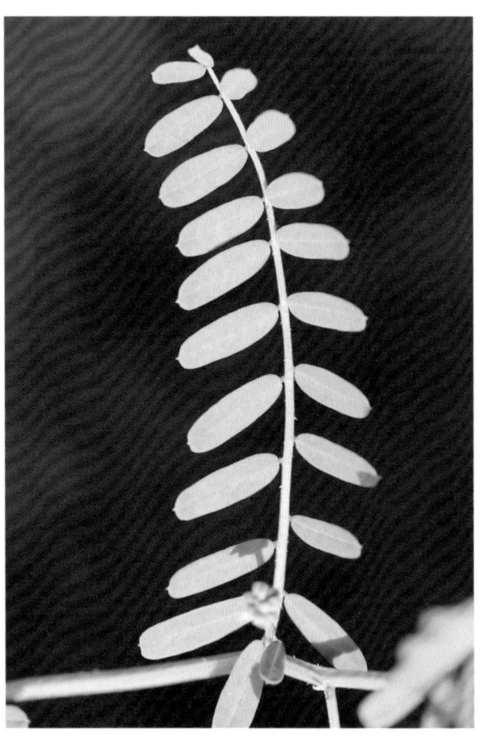

叶

果荚

花

蝶形花科

99. 大托叶猪屎豆

拉丁名 *Crotalaria spectabilis* Roth

形态特征

猪屎豆属，多年生草本。株高 60 ～ 150 厘米。茎直立、枝圆柱形，无毛。托叶卵状三角形，长约 1 厘米；单叶，质薄，倒披针形或长椭圆形，长 7 ～ 15 厘米，先端钝或具短尖，基部阔楔形，叶面无毛，背面被贴伏的丝质短柔毛具短柄。总状花序顶生或腋生，有花 20 ～ 30 朵；花梗长 10 ～ 15 毫米；花冠淡黄色或紫红色，旗瓣圆形或长圆形，先端钝或微凹，基部具胼胝体二枚，翼瓣倒卵形，龙骨瓣极弯曲，中部以上变狭形成长喙，下部边缘具白色柔毛，伸出花萼之外。荚果长圆形，长 2.5 ～ 3.0 厘米；种子 20 ～ 30 颗。花果期 8—12 月。

分布与生境

分布于江苏、安徽、浙江、江西、福建、台湾、湖南、广东、广西等地区。生于海拔 100 ～ 1 500 米的田园路旁及荒山草地。

营养与饲用价值

植株有特殊气味，家畜不喜采食。全草可入药，具有活血化瘀的功效。

植株　　叶　　花

荚

蝶形花科

100. 野扁豆

拉丁名 *Dunbaria villosa* (Thunb.) Makino

形态特征

野扁豆属，多年生缠绕草本。茎细弱，微具纵棱，略被短柔毛。叶具羽状 3 小叶；托叶细小，常早落；叶柄纤细，长 0.8 ～ 2.5 厘米，被短柔毛；小叶薄纸质，顶生小叶较大，菱形或近三角形，侧生小叶较小，偏斜，长 1.5 ～ 3.5 厘米，宽 2.0 ～ 3.7 厘米，先端尖，尖头钝，基部圆形，宽楔形或近截平，两面微被短柔毛，有锈色腺点，小叶干后略带黑褐色；基出 3 脉；侧脉每边 1 ～ 2 条；小托叶极小；小叶柄长约 1 毫米，密被极短柔毛。总状花序或复总状花序腋生，长 1.5 ～ 5.0 厘米；密被极短柔毛；花 2 ～ 7 朵，长约 1.5 厘米；花冠黄色，旗瓣近圆形或横椭圆形，基部具短瓣柄；龙骨瓣与翼瓣相仿，上部弯呈喙状，基部具长瓣柄；子房密被短柔毛和锈色腺点。荚果线状长圆形，长 3 ～ 5 厘米，扁平稍弯，先端具喙，近无果柄，种子 6 ～ 7 颗，近圆形，黑色。花果期 7—10 月。

分布与生境

分布于江苏、浙江、安徽、江西、湖北、湖南、广西、贵州。常生于旷野或山谷路旁灌丛中。

营养与饲用价值

嫩茎叶可作家畜的粗饲料。全株可入药，用于治疗咽喉肿痛、乳痈、牙痛、肿毒等。

生境

植株

花

蝶形花科

101. 野大豆

拉丁名 *Glycine soja* Sieb. et Zucc.

形态特征

大豆属，一年生缠绕草本。缠绕茎长 1 ～ 4 米，纤细，全体疏被褐色长硬毛。叶具 3 小叶，长可达 14 厘米；托叶卵状披针形，急尖，被黄色柔毛。顶生小叶长 3.5 ～ 6.0 厘米，宽 1.5 ～ 2.5 厘米，先端锐尖至钝圆，基部近圆形，全缘，两面均被绢状的糙伏毛，侧生小叶斜卵状披针形。总状花序通常短；花小，长约 5 毫米；花梗密生黄色长硬毛；苞片披针形；花萼钟状，密生长毛，裂片 5 个，三角状披针形，先端锐尖；花冠淡红紫色或白色。荚果长圆形，稍弯，长 17 ～ 23 毫米，密被长硬毛，种子间稍缢缩，干时易裂；种子椭圆形，稍扁，褐色至黑色。花果期 7—10 月。

分布与生境

遍布于南方各地。生于潮湿的田边、沟旁、河岸、湖边、沼泽、草甸、沿海和岛屿向阳的矮灌木丛或芦苇丛。

营养与饲用价值

全株为家畜喜食的饲料，可作绿肥和水土保持植物。

野大豆的营养成分（每 100 克干物质）

生育期	干物率 /%	粗蛋白 / 克	粗脂肪 / 克	粗纤维 / 克	无氮浸出物 / 克	粗灰分 / 克	钙 / 克	磷 / 克
开花期	17.2	13.5	1.8	31.2	48.4	5.1	—	—

生境

植株

荚

叶

花

种子

蝶形花科

102. 米口袋

拉丁名 *Gueldenstaedtia verna* (Georgi) Boriss.

形态特征

米口袋属，多年生草本。茎缩短，长 2 ～ 3 厘米。全株被白色柔毛。主根圆锥形。羽状复叶丛生于短茎上，长 10 ～ 20 厘米，具小叶 11 ～ 21 枚，长圆形或披针形，长 0.6 ～ 2.2 厘米，两面被疏柔毛；伞形花序腋生，有花 2 ～ 6 朵。花萼钟状，花冠紫红色，旗瓣卵形，长约 1.3 厘米，翼瓣长约 1 厘米，龙骨瓣短；子房圆筒状，密被贴服的长柔毛，花柱内曲。荚果长圆筒状，被长柔毛，长 1.7 ～ 2.2 厘米。种子肾形，有浅凹点。花果期 5—7 月。

分布与生境

产于华东、东北、华北、华中和西南东部。生于山坡草地及路边等处。

营养与饲用价值

良好的饲用植物。全草有清热解毒、散瘀消肿的功效。

米口袋的营养成分（每 100 克干物质）

生育期	干物率 /%	粗蛋白 / 克	粗脂肪 / 克	粗纤维 / 克	无氮浸出物 / 克	粗灰分 / 克	钙 / 克	磷 / 克
开花期	20.5	17.3	2.4	20.5	48.5	11.3	—	—

植株

叶

花

果

蝶形花科

103. 刺果甘草

拉丁名 *Glycyrrhiza pallidiflora* Maxim.

形态特征

甘草属，多年生草本。株高 1.0 ～ 1.5 米。茎直立，多分枝，具条棱，密被黄褐色鳞片状腺点。根和根状茎无甜味。叶长 6 ～ 20 厘米；托叶披针形，长约 5 毫米；叶柄无毛，密生腺点；小叶 9 ～ 15 枚，长 2 ～ 6 厘米，宽 1.5 ～ 2 厘米，叶面深绿色，背面淡绿色，两面均密被鳞片状腺体，无毛。总状花序腋生，花密集成球状；总花梗短于叶，密生短柔毛及黄色鳞片状腺点；苞片卵状披针形，长 6 ～ 8 毫米，膜质，具腺点；花萼钟状，长 4 ～ 5 毫米，密被腺点，基部常疏被短柔毛；果序长 10 ～ 17 毫米，宽 6 ～ 8 毫米，顶端具突尖。种子 2 枚，黑色，圆肾形，长约 2 毫米。花果期 6—9 月。

分布与生境

分布于东北、华北各地区，江苏、浙江、陕西、山东等地区均有分布。生于河滩地、岸边、田野、路旁。

营养与饲用价值

植株粗蛋白含量高，营养丰富，是优质牧草。可入药，具有清热解毒的功效，其中甘草黄酮、甘草浸膏及甘草次酸均有明显的镇咳作用。

刺果甘草的营养成分（每 100 克干物质）

生育期	干物率 /%	粗蛋白 / 克	粗脂肪 / 克	粗纤维 / 克	无氮浸出物 / 克	粗灰分 / 克	钙 / 克	磷 / 克
盛花期	21.0	20.8	6.4	32.0	33.6	7.2	—	—

叶

荚果

植株

茎

花

生境

蝶形花科

104. 多花木蓝

拉丁名 *Indigofera amblyantha* Craib

形态特征

木蓝属，多年生灌木，株高 0.8 ～ 2.0 米。茎直立、圆柱形，少分枝；幼枝具棱，密被白色平贴丁字毛，后变无毛。羽状复叶长 18 厘米；叶柄长 2 ～ 5 厘米，叶轴正面具浅槽，与叶柄均被平贴丁字毛；托叶微小，三角状披针形，长约 1.5 毫米；小叶 3 ～ 5 对，对生，形状、大小变异较大，通常为卵状长圆形，长 1.0 ～ 3.7 厘米，宽 1 ～ 2 厘米，先端圆钝；小叶柄长约 1.5 毫米，被毛；小托叶微小。总状花序腋生，长 11 ～ 15 厘米，近无总花梗；花冠淡红色，旗瓣倒阔卵形，长 6.0 ～ 6.5 毫米，先端螺壳状，瓣柄短，外面被毛，翼瓣长约 7 毫米，龙骨瓣较翼瓣短，距长约 1 毫米；花药球形，顶端具小突尖。荚棕褐色，线状圆柱形，长 3.5 ～ 6.0 厘米，被短丁字毛；种子褐色，长圆形，长约 2.5 毫米。花果期 5—11 月。

分布与生境

在安徽、江苏、浙江、湖南、湖北、贵州、四川等地区均有分布。生于山坡草地、沟边、路旁灌丛。

营养与饲用价值

茎叶柔嫩，营养丰富，无异味，不含有毒有害成分。牛、羊、兔等喜食其嫩叶、花及果实。

多花木蓝的营养成分（每 100 克干物质）

生育期	干物率 /%	粗蛋白 / 克	粗脂肪 / 克	粗纤维 / 克	无氮浸出物 / 克	粗灰分 / 克	钙 / 克	磷 / 克
开花期	24.7	18.3	4.2	21.8	48.1	7.6	1.74	0.32

植株

枝

叶

荚

花

蝶形花科

105. 庭 藤

拉丁名 *Indigofera decora* Lindl.

形态特征

木蓝属，多年生灌木，株高 0.4 ～ 2.0 米。茎圆柱形。羽状复叶长 8 ～ 25 厘米；叶柄长 1.0 ～ 1.5 厘米，稀达 3 厘米；托叶早落；小叶 3 ～ 11 对；叶形变异大，通常卵状披针形、卵状长圆形，长 2.0 ～ 7.5 厘米，宽 1.0 ～ 3.5 厘米，稀圆钝，具小尖头；小托叶钻形。总状花序长 13 ～ 32 厘米，直立；总花梗长 2 ～ 4 厘米，花序轴具棱；苞片线状披针形，早落；花梗长 3 ～ 6 毫米；花萼杯状，长 2.5 ～ 3.5 毫米，萼筒长 1.5 ～ 2.0 毫米，萼齿三角形；花冠淡紫色或粉红色，稀白色。荚果棕褐色，圆柱形，内果皮有紫色斑点，有种子 7 ～ 8 粒；种子椭圆形，长 4.0 ～ 4.5 毫米。花果期 4—10 月。

分布与生境

分布于安徽、浙江、福建、广东等地区。生于溪边、沟谷旁及杂木林和灌丛中。

营养与饲用价值

茎与叶可作牛、羊等家畜的饲料。根供药用，可治疗跌打损伤、积瘀、风湿性关节疼痛。

植株

花

枝

蝶形花科

106. 华东木蓝

拉丁名 *Indigofera fortunei* Craib.

形态特征

木蓝属，多年生灌木，株高 1.0 ～ 1.5 米。茎直立，分枝有棱。羽状复叶长 10 ～ 20 厘米；叶柄长 1.5 ～ 4.0 厘米；托叶线状披针形，长 3.5 ～ 8.0 毫米，早落；小叶 3 ～ 7 对，对生，间有互生，长 1.5 ～ 4.5 厘米，微凹，有长约 2 毫米的小尖头，幼时叶背中脉及边缘疏被丁字毛，后脱落变无毛，叶面中脉凹入，背面隆起，细脉明显；小叶柄长约 1 毫米；小托叶钻形，与小叶柄近等长。总状花序长 8 ～ 18 厘米；总花梗长达 3 厘米，常短于叶柄；花梗长达 3 毫米；花萼斜杯状，长 2.5 毫米，外面疏生丁字毛。荚果褐色，线状圆柱形，长 3 ～ 5 厘米，无毛，开裂后果瓣旋卷。花果期 4—9 月。

分布与生境

分布于江苏、浙江、安徽、湖北等地区。生于山坡疏林或灌丛中。

营养与饲用价值

家畜喜食的优质豆科牧草。全草可入药，具有清热解毒、消肿止痛的功效。

生境

植株

叶

花

枝

荚

蝶形花科

107. 长萼鸡眼草

拉丁名 *Kummerowia stipulacea* (Maxim.) Makino

形态特征

鸡眼草属，一年生草本。株高 7 ~ 15 厘米。茎直立，多分枝，茎和枝常被疏生的白毛。三出羽状复叶，托叶卵形，长 3 ~ 8 毫米，边缘通常无毛；叶柄短；小叶纸质，倒卵形，长 5 ~ 18 毫米，宽 3 ~ 12 毫米，先端近截形，基部楔形，全缘。花常 1 ~ 2 朵腋生；小苞片 4 个，与萼筒近等长，生于萼下，其中 1 枚很小，生于花梗关节之下；花梗有毛；花冠上部暗紫色，长 5.5 ~ 7.0 毫米，旗瓣椭圆形，先端微凹，下部渐狭成瓣柄，较龙骨瓣短，翼瓣狭披针形，与旗瓣近等长，龙骨瓣钝，正面有暗紫色斑点。荚果椭圆形或卵形，稍侧偏，长约 3 毫米。花果期 7—10 月。

分布与生境

华东各地区均有分布。生于路旁、草地、山坡、固定或半固定沙丘等处。

营养与饲用价值

可作牛、羊等家畜的饲料，适口性好。

长萼鸡眼草的营养成分（每 100 克干物质）

生育期	干物率 /%	粗蛋白 / 克	粗脂肪 / 克	粗纤维 / 克	无氮浸出物 / 克	粗灰分 / 克	钙 / 克	磷 / 克
开花期	20.9	18.5	3.4	29.6	36.1	12.4	—	—

茎

叶

花

果

植株

蝶形花科

108. 鸡眼草

拉丁名 *Kummerowia striata* (Thunb.) Schindl.

形态特征

鸡眼草属，一年生草本。株高 10 ～ 45 厘米。茎枝平卧，多分枝，茎被倒生的白色细毛。三出羽状复叶，托叶大，膜质，卵状长圆形，比叶柄长，长 3 ～ 4 毫米，具条纹，有缘毛；叶柄极短；小叶纸质，倒卵形长 6 ～ 22 毫米，宽 3 ～ 8 毫米，先端圆形，基部近圆形，全缘；两面沿中脉及边缘有白色粗毛，但叶面毛较稀少，侧脉多而密。花小，单生或 2 ～ 3 朵簇生于叶腋；花冠粉红紫色，长 5 ～ 6 毫米，较萼约长 1 倍。荚果倒卵形，稍侧扁，长 3.5 ～ 5.0 毫米，较萼稍长，先端短尖，被小柔毛。花果期 7—10 月。

分布与生境

华东、中南、西南等地区均有分布。生于路旁、田边、溪旁、沙质地或缓山坡草地。

营养与饲用价值

对牛、羊及猪禽等具较好的适口性，适于放牧利用。

鸡眼草的营养成分（每 100 克干物质）

生育期	干物率 /%	粗蛋白 / 克	粗脂肪 / 克	粗纤维 / 克	无氮浸出物 / 克	粗灰分 / 克	钙 / 克	磷 / 克
盛花期	24.2	12.9	2.3	45.5	30.2	9.1	0.33	0.06

生境

植株

茎

叶

花

蝶形花科

109. 海滨山黧豆

拉丁名 *Lathyrus japonicus* Willd.

形态特征

香豌豆属，多年生草本。株高15～50厘米。根状茎横走。常匍匐生长，上升，无毛。托叶箭形，长10～29毫米，宽6～17毫米，网脉明显凸出，无毛；叶轴末端具卷须，单一或分枝；小叶3～5对，长椭圆形或长倒卵形，长25～33毫米，宽11～18毫米，先端圆或急尖，基部宽楔形，两面无毛。总状花序比叶短，有花2～5朵，花梗长3～5毫米；花紫色；子房线形，无毛或极少见数毛。荚果长约5厘米，宽7～11毫米，棕褐色或紫褐色，压扁，无毛或被稀疏柔毛。种子近球状，直径约4.5毫米。花果期5—8月。

分布与生境

分布于浙江、辽宁、河北、山东各地海滨区域。生于沿海沙滩。

营养与饲用价值

开花前植株可饲用，花期及成熟后植株及种子有毒，易引起家畜中毒。

海滨山黧豆的营养成分（每100克干物质）

生育期	干物率/%	粗蛋白/克	粗脂肪/克	粗纤维/克	无氮浸出物/克	粗灰分/克	钙/克	磷/克
开花期	21.5	18.4	2.3	37.5	35.5	6.3	0.81	0.20

茎

叶

生境

花

蝶形花科

110. 绿叶胡枝子

拉丁名 *Lespedeza buergeri* Miq.

形态特征

胡枝子属，多年生灌木，株高 1 ～ 3 米。直立，枝灰褐色或淡褐色，被疏毛。小叶卵状椭圆形，长 3 ～ 7 厘米，宽 1.5 ～ 2.5 厘米，先端急尖，基部稍尖或钝圆，叶面鲜绿色，光滑无毛，叶背面灰绿色，密被贴生的毛。总状花序腋生，在枝上部构成圆锥花序；苞片 2 个，长卵形，长约 2 毫米，褐色，密被柔毛；花冠淡黄绿色，长约 10 毫米，旗瓣近圆形，基部两侧有耳，具短柄，翼瓣椭圆状长圆形，基部有耳和瓣柄，瓣片先端有时稍带紫色，龙骨瓣倒卵状长圆形，比旗瓣稍长，基部有明显的耳和长瓣柄。荚果长圆状卵形，长约 15 毫米，表面具网纹和长柔毛。花果期 6—9 月。

分布与生境

分布于江苏、安徽、浙江、江西、山西、陕西、甘肃、河南、湖北、四川、台湾等地区。生于海拔 1500 米以下的山坡、林下、山沟和路旁。

营养与饲用价值

茎和叶是牛、羊等的优质饲料。根、花可治伤风咳嗽和恶寒发热等。

茎

植株

蝶形花科

111. 长叶胡枝子

拉丁名 *Lespedeza caraganae* Bunge

形态特征

胡枝子属，多年生灌木，株高约 50 厘米。茎直立，多棱，沿棱被短伏毛；分枝斜升。托叶钻形，长 2.5 毫米；叶柄短，被短伏毛，长 3 ～ 5 毫米；羽状复叶具 3 片小叶；小叶长圆状线形，长 2 ～ 4 厘米，先端钝或微凹，具小刺尖，基部狭楔形，边缘稍内卷，叶面近无毛，背面被伏毛。总状花序腋生；总花梗长 0.5 ～ 1.0 厘米，具 3 ～ 4 朵花；花梗长 2 毫米，密生白色伏毛，基部具 3 ～ 4 枚苞片；花萼狭钟形，长 5 毫米，外密被伏毛，5 深裂，裂片披针形，先端长渐尖，具 1 ～ 3 脉；花冠显著超出花萼，白色或黄色；有瓣花的荚果长圆状卵形，长 4.5 ～ 5.0 毫米，疏被白色伏毛；闭锁花的荚果倒卵状圆形，长约 3 毫米。花果期 6—10 月。

分布与生境

分布于江苏、浙江、辽宁、河北、陕西、甘肃、山东、河南等地区。生于海拔 1 400 米以下的山坡上。

营养与饲用价值

营养价值丰富，适口性好，牛、羊喜食。

生境

枝条

植株

叶

花

蝶形花科

112. 中华胡枝子

拉丁名 *Lespedeza chinensis* G. Don

形态特征

胡枝子属，多年生小灌木，株高达1米。全株被白色伏毛，茎下部毛渐脱落，茎直立；分枝斜升，被柔毛。托叶钻状，长3～5毫米；叶柄长约1厘米；羽状三出复叶，小叶倒卵状长圆形，长1.5～4.0厘米，宽1.0～1.5厘米，先端近截形，具小刺尖，边缘稍反卷，叶面无毛，背面密被白色伏毛。总状花序腋生，不超出叶，少花；总花梗极短；花梗长1～2毫米；花萼长为花冠之半，5深裂，裂片狭披针形，长约3毫米，被伏毛，边具缘毛；花冠白色或黄色，闭锁花簇生于茎下部叶腋。荚果卵圆形，长约4毫米，表面有网纹，密被白色伏毛。花果期8—11月。

分布与生境

江苏、安徽、浙江、江西、福建、湖北、湖南、广东、四川等地区均有分布。生于海拔2 500米以下的灌木丛中、林缘、路旁、山坡、林下草丛等处。

营养与饲用价值

营养价值丰富，适口性好，牛、羊喜食。

植株

茎

花

叶

蝶形花科

113. 截叶铁扫帚

拉丁名 *Lespedeza cuneata* (Dum.de Cours.) G. Don

形态特征

胡枝子属，多年生小灌木，株高1米。茎直立，被毛，上部分枝；分枝斜上举。叶密集，柄短；小叶楔形，长1～3厘米，宽2～5毫米，先端截形，具小刺尖，基部楔形，叶面近无毛，背面密被伏毛。总状花序腋生，具2～4朵花；总花梗极短；小苞片卵形，长1.0～1.5毫米，先端渐尖，背面被白色伏毛，边具缘毛；花萼狭钟形，密被伏毛，5深裂，裂片披针形；花冠淡黄色，旗瓣基部有紫斑，翼瓣与旗瓣近等长，龙骨瓣稍长；闭锁花簇生于叶腋。荚果宽卵形，被伏毛，长2.5～3.5毫米，宽约2.5毫米。花期7—8月，果期9—10月。

分布与生境

华东各地区均有分布。生于山坡、路旁。

营养与饲用价值

营养价值高，牛、羊等采食性中等。全草可入药，性微寒，味苦。具有益肝明目、利尿解热的功效。

截叶铁扫帚的营养成分（每100克干物质）

生育期	干物率/%	粗蛋白/克	粗脂肪/克	粗纤维/克	无氮浸出物/克	粗灰分/克	钙/克	磷/克
开花期	21.9	13.5	4.6	23.6	52.0	6.3	1.96	0.12

植株

茎

叶

花

生境

蝶形花科

114. 大叶胡枝子

拉丁名 *Lespedeza davidii* Franch.

形态特征

胡枝子属，多年生灌木，株高 1 ~ 3 米。直立、枝条较粗壮，有明显的条棱，密被长柔毛。托叶 2 个，卵状披针形，长 5 毫米；叶柄长 1 ~ 4 厘米，密被短硬毛；小叶卵圆形，长 3.5 ~ 7.0 厘米，宽 2.5 ~ 5.0 厘米，先端圆或微凹，基部圆形或宽楔形，全缘，两面密被黄白色绢毛。总状花序腋生或于枝顶形成圆锥花序，花稍密集，比叶长；总花梗长 4 ~ 7 厘米，密被长柔毛；小苞片卵状披针形，长 2 毫米，外面被柔毛；花红紫色，子房密被毛。荚果卵形，长 8 ~ 10 毫米，稍歪斜，表面具网纹和稍密的绢毛。花果期 7—10 月。

分布与生境

分布于江苏、安徽、浙江、江西、福建、河南、湖南、广东、广西、四川、贵州等地区。生于海拔 800 米的干旱山坡、路旁或灌丛中。

营养与饲用价值

可作牛、羊等的饲料，适口性好。全草可入药，具通经活络功效。

生境

植株

茎

叶

花

花序

蝶形花科

115. 尖叶铁扫帚

拉丁名 *Lespedeza juncea* (L. f.) Pers.

形态特征

胡枝子属，多年生小灌木，株高 0.8 ～ 1.0 米。全株被伏毛，分枝或上部分枝呈扫帚状。羽状复叶具 3 小叶；小叶倒披针形、线状长圆形或狭长圆形，长 1.5 ～ 3.5 厘米，宽 3 ～ 7 毫米，先端稍尖或钝圆，有小刺尖，叶面近无毛，背面密被伏毛。总状花序腋生，有 3 ～ 7 朵排列较密集的花，近似伞形花序；总花梗长；花萼狭钟状，长 3 ～ 4 毫米，5 深裂，裂片披针形，先端锐尖，外面被白色状毛，花开后具明显 3 脉；花冠白色或淡黄色，旗瓣基部带紫斑，花期不反卷或稀反卷，龙骨瓣先端带紫色，旗瓣、翼瓣与龙骨瓣近等长，有时旗瓣较短；闭锁花簇生于叶腋，近无梗。荚果宽卵形，两面被白色伏毛，稍超出宿存萼。花果期 7—10 月。

分布与生境

分布于安徽、浙江、黑龙江、吉林、辽宁、内蒙古、河北、山西、甘肃及山东等地区。生于海拔 1 500 米以下的山坡灌丛间。

营养与饲用价值

幼嫩茎叶的饲用价值高，牛、羊等喜食。

植株

茎

叶

生境

蝶形花科

116. 铁马鞭

拉丁名 *Lespedeza pilosa* (Thunb.) Sieb. et Zucc.

形态特征

胡枝子属，多年生草本。株高 60 ～ 80 厘米。全株密被长柔毛，茎平卧，细长，分枝少，匍匐地面。托叶钻形，长约 3 毫米，先端渐尖；叶柄长 6 ～ 15 毫米；三出羽状复叶；小叶倒卵圆形，长 1.5 ～ 2.0 厘米，有小刺尖，基部圆形，两面密被长毛，顶生小叶较大。总状花序腋生，比叶短；苞片钻形，长 5 ～ 8 毫米，上部边缘具缘毛；总花梗极短，密被长毛；小苞片 2 个，披针状钻形，背部中脉具长毛，边缘具缘毛；花萼密被长毛；花冠黄白色；闭锁花常 1 ～ 3 个集生于茎上部叶腋，无梗，结实。荚果广卵形，长 3 ～ 4 毫米，凸镜状，两面密被长毛，先端具尖喙。花果期 7—10 月。

分布与生境

江苏、安徽、浙江、江西、福建、湖北、湖南、广东、四川、贵州等地区均有分布。生于海拔 1 000 米以下的荒山坡及草地。

营养与饲用价值

幼嫩植株可作家畜饲料。全株可药用，有祛风活络、健胃益气、安神之效。

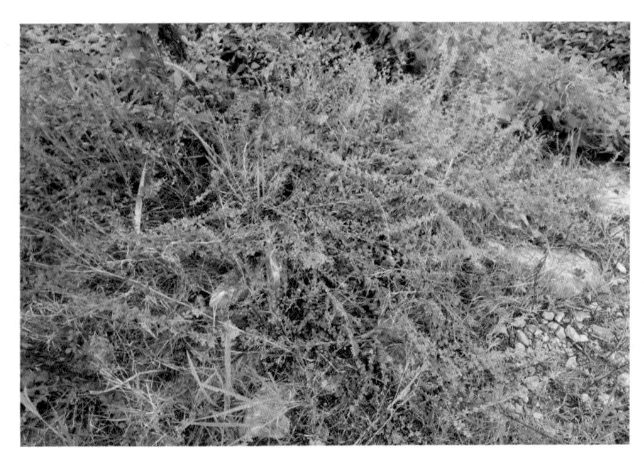

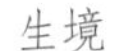

生境

植株

枝条

叶

花

蝶形花科

117. 美丽胡枝子

拉丁名 *Lespedeza thunbergii* (DC.) Nakai subsp. formosa (Vogel) H. Ohashi

形态特征

胡枝子属，多年生直立灌木，株高 1 ～ 2 米。多分枝，被疏柔毛。托叶披针形，长 4 ～ 9 毫米，褐色，被疏柔毛；叶柄长 1 ～ 5 厘米；被短柔毛；小叶长椭圆形，稀倒卵形，两端稍尖，长 2.5 ～ 6.0 厘米，叶面绿色，稍被短柔毛，下背淡绿色，贴生短柔毛。总状花序单一，腋生，比叶长；总花梗长可达 10 厘米，被短柔毛；苞片卵状渐尖，密被茸毛；花梗短，被毛；花冠红紫色，长 10 ～ 15 毫米。荚果倒卵形，长 8 毫米，表面具网纹，被疏柔毛。花果期 7—10 月。

分布与生境

江苏、安徽、浙江、江西、福建、湖北、湖南、广东、广西、四川、云南等地区均有分布。生于中海拔和低海拔的山坡、路旁及林缘灌丛中。

营养与饲用价值

叶量大，营养价值高，牛、羊等家畜喜食，适口性好。

美丽胡枝子的营养成分（每 100 克干物质）

生育期	干物率 /%	粗蛋白 / 克	粗脂肪 / 克	粗纤维 / 克	无氮浸出物 / 克	粗灰分 / 克	钙 / 克	磷 / 克
分枝期	18.7	17.5	2.9	18.5	49.8	11.3	3.08	0.14

生境

植株

叶

花

蝶形花科

118. 绒毛胡枝子

拉丁名 *Lespedeza tomentosa* (Thunb.) Sieb.

形态特征

胡枝子属，多年生灌木，株高达 1 米。全株密被黄褐色茸毛。茎直立，单一或上部少分枝。托叶线形，长约 4 毫米；羽状复叶具 3 小叶；小叶质厚，椭圆形或卵状长圆形，长 3 ～ 6 厘米，宽 1.5 ～ 3.0 厘米，先端钝或微心形，边缘稍反卷，叶面被短伏毛，背面密被黄褐色茸毛或柔毛；叶柄长 2 ～ 3 厘米。总状花序顶生或于茎上部腋生；总花梗粗壮，长 4 ～ 8 厘米；花具短梗，密被黄褐色茸毛；花萼密被毛长约 6 毫米，5 深裂，裂片狭披针形；花冠黄白色，闭锁花生于茎上部叶腋，簇生成球状。荚果倒卵形，长 3 ～ 4 毫米，表面密被毛。花果期 7—10 月。

分布与生境

除新疆及西藏外全国各地普遍生长。生于海拔 1 000 米以下的干山坡草地及灌丛。

营养与饲用价值

可作牛、羊等的饲料，适口性好。根可药用，具有健脾补虚、增进食欲及滋补之效。

植株

茎

花序

叶

花

蝶形花科

119. 百脉根

拉丁名 *Lotus corniculatus* L.

形态特征

百脉根属，多年生草本。株高 15 ～ 50 厘米。全株散生稀疏白色柔毛。具主根。茎丛生，平卧或上升，实心，近四棱形。羽状复叶小叶 5 枚；叶轴长 4 ～ 8 毫米，疏被柔毛，顶端 3 小叶，基部 2 小叶呈托叶状。伞形花序；总花梗长 3 ～ 10 厘米；花 3 ～ 7 朵集生于总花梗顶端，长 9 ～ 15 毫米；花梗短，基部有苞片 3 枚；花冠黄色或金黄色，干后常变蓝色。雄蕊两体，花丝分离部略短于雄蕊筒；荚果直，线状圆柱形，长 20 ～ 25 毫米，褐色。种子细小，卵圆形，灰褐色。花果期 6—10 月。

分布与生境

分布于长江中上游各省及西北、西南地区。华东地区散生于湿润而呈弱碱性的山坡、草地、田野或河滩地。

营养与饲用价值

茎叶柔软多汁，营养丰富，牛、羊采食性好。根部可入药，可作为补虚清热的补益类药物，具有清热解毒的功效，可止渴、治疗咳嗽和咽炎或外用治疗湿疹。

百脉根的营养成分（每 100 克干物质）

生育期	干物率 /%	粗蛋白 / 克	粗脂肪 / 克	粗纤维 / 克	无氮浸出物 / 克	粗灰分 / 克	钙 / 克	磷 / 克
开花期	22.5	11.3	2.2	22.2	54.3	10.0	2.0	0.25

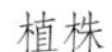

植株　　枝条　　叶

花

蝶形花科

120. 天蓝苜蓿

拉丁名 *Medicago lupulina* L.

形态特征

苜蓿属，多年生草本。株高 15 ~ 60 厘米。全株被柔毛。主根浅，须根发达。茎平卧，多分枝，叶茂盛。羽状三出复叶；托叶卵状披针形，长可达 1 厘米，先端渐尖，基部圆，常齿裂；下部叶柄较长，长 1 ~ 2 厘米，上部叶柄比小叶短；小叶倒卵形，长 5 ~ 20 毫米，纸质，边缘在上半部具不明显尖齿，两面均被毛；顶生小叶较大，小叶柄长 2 ~ 6 毫米，侧生小叶柄短。花序小头状，具花 10 ~ 20 朵；总花梗细，挺直，比叶长，密被贴伏柔毛；花长 2.0 ~ 2.2 毫米；花梗小于 1 毫米；萼钟形，密被毛，花冠黄色。荚果肾形，长 3 毫米，表面具同心弧形脉纹，被稀疏毛，熟时变黑。种子卵形，褐色。花果期 7—10 月。

分布与生境

我国南方各地均有分布。常见于河岸、路边、田野及林缘。可食用。

利用价值

适口性好，是家畜喜食的优等豆科牧草。

天蓝苜蓿的营养成分（每 100 克干物质）

生育期	干物率 /%	粗蛋白 / 克	粗脂肪 / 克	粗纤维 / 克	无氮浸出物 / 克	粗灰分 / 克	钙 / 克	磷 / 克
营养生长期	18.3	25.9	2.7	26.5	34.4	10.5	—	—

生境

株

叶　　茎　　花

果荚

蝶形花科

121. 南苜蓿

拉丁名 *Medicago polymorpha* L.

形态特征

苜蓿属，一年生或越年生草本。株高 20 ～ 90 厘米。茎平卧，近四棱形，基部分枝，微被毛。羽状三出复叶；托叶大，卵状长圆形，长 4 ～ 7 毫米，脉纹明显；叶柄柔软，细长，长 1 ～ 5 厘米；小叶倒卵形，几乎等大，长 7 ～ 20 毫米，宽 5 ～ 15 毫米，叶面无毛，叶背面被疏柔毛，无斑纹。花序头状伞形，具花 2 ～ 10 朵；总花梗腋生，纤细无毛，长 3 ～ 15 毫米，通常比叶短；花长 3 ～ 4 毫米；花梗不到 1 毫米；花冠黄色，旗瓣倒卵形，先端凹缺，基部阔楔形，比翼瓣和龙骨瓣长，翼瓣长圆形，基部具耳和稍阔的瓣柄，齿突甚发达，龙骨瓣基部具小耳，成钩状。荚果盘形，暗绿褐色，顺时针紧旋 1.5 ～ 2.5 圈，直径 4 ～ 6 毫米，螺面平坦无毛，有多条辐射状脉纹，近边缘处环结，每圈具棘刺 15 枚；种子每圈 1 ～ 2 粒。种子长肾形，长约 2.5 毫米，棕褐色。花果期 3—6 月。

分布与生境

分布于长江流域以南各地区，以及贵州、云南等地区。用于栽培或呈半野生状态。

营养与饲用价值

家畜的优质饲草，适口性好。江苏、浙江多作蔬菜栽培。全草可入药，具有清热利尿的作用。

南苜蓿的营养成分（每 100 克干物质）

生育期	干物率 /%	粗蛋白 / 克	粗脂肪 / 克	粗纤维 / 克	无氮浸出物 / 克	粗灰分 / 克	钙 / 克	磷 / 克
盛花期	23.6	25.0	4.1	18.3	41.9	10.7	—	—

生境

植株

茎

叶

果

花

蝶形花科

122. 紫花苜蓿

拉丁名 *Medicago sativa* L.

形态特征

苜蓿属，多年生草本。株高 30 ～ 100 厘米。根粗壮，深入土层，根颈发达。茎直立、丛生以至平卧，四棱形，无毛或微被柔毛，枝叶茂盛。羽状三出复叶；托叶大，卵状披针形，先端锐尖，基部全缘，脉纹清晰；叶柄比小叶短；小叶长卵形，等大，长 10 ～ 25 毫米，宽 3 ～ 10 毫米，纸质；顶生小叶柄比侧生小叶柄略长。总状花序，长 1.0 ～ 2.5 厘米，具花 5 ～ 30 朵；总花梗直，比叶长；花长 6 ～ 12 毫米；花梗短。荚果螺旋状紧卷 2 ～ 4 圈，被柔毛，脉纹细，熟时棕色；有种子 10 ～ 20 粒。种子卵形，黄色或棕色。花果期 5—8 月。

分布与生境

全国各地都有栽培或呈半野生状态。生于田边、路旁、旷野、草原、河岸及沟谷等地。

营养与饲用价值

质地柔软、味道清香、适口性好，畜禽均喜食。

紫花苜蓿的营养成分（每 100 克干物质）

生育期	干物率 /%	粗蛋白 / 克	粗脂肪 / 克	粗纤维 / 克	无氮浸出物 / 克	粗灰分 / 克	钙 / 克	磷 / 克
盛花期	24.4	18.2	3.6	28.5	41.5	8.2	—	—

生境

植株

茎

叶

花

蝶形花科

123. 白花草木樨

拉丁名 *Melilotus albus* Desr.

形态特征

草木樨属，一年生草本。株高 70 ～ 200 厘米。茎直立，圆柱形，中空，多分枝，几无毛。羽状三出复叶；托叶尖刺状锥形，长 6 ～ 10 毫米，全缘；叶柄比小叶短，纤细；小叶长圆形或倒披针状长圆形，长 15 ～ 30 厘米，边缘疏生浅锯齿，叶面无毛，背面被细柔毛，侧脉 12 ～ 15 对，平行直达叶缘齿尖，两面均不隆起，顶生小叶稍大，具较长小叶柄，侧小叶小叶柄短。总状花序长 9 ～ 20 厘米，腋生，具花 40 ～ 100 朵，排列疏松；花冠白色，旗瓣椭圆形，稍长于翼瓣，龙骨瓣与翼瓣等长或稍短；子房卵状披针形，上部渐窄至花柱，无毛。荚果椭圆形至长圆形，长 3.0 ～ 3.5 毫米，先端锐尖，具尖喙表面脉纹细，网状，棕褐色，老熟后变黑褐色；有种子 1 ～ 2 粒。种子卵形，棕色，表面具细瘤点。花期 5—7 月，果期 7—9 月。

分布与生境

分布于华东、东北、华北、西北及西南各地。生于田边、路旁荒地、湿润的沙地及沿海滩涂。

营养与饲用价值

含香豆素，适口性较差，同时单一饲喂过多或霉变后产生双香豆素。饲用易引起家畜发生出血性败血症。应与其他牧草混合饲喂。多作绿肥植物。

白花草木樨的营养成分（每 100 克干物质）

生育期	干物率 /%	粗蛋白 / 克	粗脂肪 / 克	粗纤维 / 克	无氮浸出物 / 克	粗灰分 / 克	钙 / 克	磷 / 克
营养生长期	—	16.2	1.7	32.5	34.8	14.8	1.79	0.23

植株　茎　花序　叶

生境

蝶形花科

124. 草木樨

拉丁名 *Melilotus suaveolens* Ledeb.

形态特征

草木樨属，二年生草本。株高 0.5 ～ 2.0 米。茎直立，粗壮，多分枝，具纵棱，微被柔毛。羽状三出复叶；托叶镰状线形，长 3 ～ 7 毫米，中央有 1 条脉纹，全缘或基部有 1 尖齿；叶柄细长；小叶倒卵形、阔卵形、倒披针形至线形，长 15 ～ 30 毫米，宽 5 ～ 15 毫米，先端钝圆或截形，基部阔楔形，边缘具不整齐疏浅齿，叶面无毛，粗糙，背面散生短柔毛，顶生小叶稍大，具较长的小叶柄，侧小叶的小叶柄短；花长 3.5 ～ 7.0 毫米，花冠黄色，旗瓣倒卵形，与翼瓣近等长，龙骨瓣稍短或三者均近等长；雄蕊筒在花后常宿存包于果外；荚果卵形，长 3 ～ 5 毫米，宽约 2 毫米，先端具宿存花柱，表面具凹凸不平的横向细网纹，棕黑色；有种子 1 ～ 2 粒；种子卵形，长 2.5 毫米，黄褐色，光滑。花果期 5—10 月。

分布与生境

我国华东、东北、华南、西南各地均有分布。喜生于温暖而湿润的沙地、山坡、草原、滩涂及农区的田埂、路旁和弃耕地。

营养与饲用价值

开花前茎叶幼嫩柔软，牛、羊等喜食，可青饲，青贮或晒制干草。开花后植株粗老，含香豆素和双香豆素，带苦味，适口性降低。地上部可入药，辛，平，化湿，和中。用于暑湿胸闷、头痛头昏、恶心泛呕、舌腻等症状的治疗。

草木樨的营养成分（每 100 克干物质）

生育期	干物率 /%	粗蛋白 / 克	粗脂肪 / 克	粗纤维 / 克	无氮浸出物 / 克	粗灰分 / 克	钙 / 克	磷 / 克
开花期	22.0	22.2	3.7	23.7	37.5	9.9	2.1	0.25

植株

花

叶

生境

蝶形花科

125. 葛

拉丁名 *Pueraria montana* (Loureiro) Merrill

形态特征

葛属，多年生藤本。全株被黄色长硬毛，茎基部木质，有粗大的块状根。羽状复叶具 3 小叶；小叶三裂或全缘，顶生小叶宽卵形或斜卵形，长 7 ～ 19 厘米，宽 5 ～ 18 厘米，先端长渐尖，侧生小叶斜卵形，稍小，叶面被淡黄色、平伏的疏柔毛。总状花序长 15 ～ 30 厘米，中上部有颇密集的花；花 2 ～ 3 朵聚生于花序轴的节上；花冠长 10 ～ 12 毫米，紫色，旗瓣倒卵形，基部有 2 耳及一黄色硬痂状附属体，具短瓣柄。荚果长椭圆形，长 5 ～ 9 厘米，宽 8 ～ 11 毫米，扁平，被褐色长硬毛。花果期 9—12 月。

分布与生境

除新疆、青海及西藏外，全国其他地区均有分布。生于山坡、疏林或密林中。

营养与饲用价值

茎、叶是良好的饲料。葛根可食用。药用有解表退热、生津止渴、止泻的功能，有改善高血压症状的作用。

葛的营养成分（每 100 克干物质）

生育期	干物率 /%	粗蛋白 / 克	粗脂肪 / 克	粗纤维 / 克	无氮浸出物 / 克	粗灰分 / 克	钙 / 克	磷 / 克
开花期	21.5	16.4	2.8	34.3	38.1	8.4	—	—

生境

植株

花

茎

叶

荚

蝶形花科

126. 刺　槐

拉丁名 *Robinia pseudoacacia* L.

形态特征

刺槐属，多年生落叶乔木。株高 10 ～ 15 米。具托叶刺，长达 2 厘米；冬芽小，被毛。羽状复叶长 10 ～ 25 厘米；叶轴上面具沟槽；小叶 2 ～ 12 对，常对生，椭圆形、长椭圆形或卵形，长 2 ～ 5 厘米，先端圆，微凹，具小尖头，叶面绿色，叶背灰绿色。总状花序腋生，长 10 ～ 20 厘米，下垂，花多数，芳香；花冠白色，各瓣均具瓣柄，旗瓣近圆形，长 16 毫米，宽约 19 毫米。荚果褐色，或具红褐色斑纹，线状长圆形，长 5 ～ 12 厘米，扁平，先端上弯，具尖头，果颈短，沿腹缝线具狭翅；有种子 2 ～ 15 粒；种子褐色至黑褐色，有时具斑纹，近肾形，长 5 ～ 6 毫米。花果期 6—9 月。

分布与生境

原产美国东部，我国于 18 世纪末从欧洲引入我国栽培，现全国各地广泛栽植。

营养与饲用价值

嫩枝叶可作饲料，家畜均喜采食。是优良的蜜源植物。刺槐花多作时令蔬菜，花中具芳香味的刺槐苷无毒。

刺槐（叶）的营养成分（每 100 克干物质）

生育期	干物率 /%	粗蛋白 / 克	粗脂肪 / 克	粗纤维 / 克	无氮浸出物 / 克	粗灰分 / 克	钙 / 克	磷 / 克
开花期	24.3	20.8	4.2	17.3	51.4	6.3	3.65	0.27

生境

植株

花序

茎

叶

蝶形花科

127. 田 菁

拉丁名 *Sesbania cannabina* (Retz.) Poir.

形态特征

田菁属，一年生灌木，株高 3.0 ～ 3.5 米。茎绿色，直立无刺。幼枝有白色茸毛，折断后有白色黏液溢出。羽状复叶，叶轴长 15 ～ 25 厘米，上表面有沟槽，幼叶有绢毛，成熟后无毛；托叶披针形。小叶对生，有 20 ～ 30 对；小托叶钻形，小叶柄长约 1 毫米。总状花序，花冠黄色，旗瓣横椭圆形，长 9 ～ 10 毫米；翼瓣倒卵状长圆形，宽约 3.5 毫米；龙骨瓣较翼瓣短，三角状阔卵形，瓣柄长约 4.5 毫米；雄蕊二体，花药椭圆形；雌蕊顶生，无毛。荚果细长，长圆柱形，长 12 ～ 22 厘米表面有黑褐色斑纹，有种子 20 ～ 35 粒。种子绿褐色，短圆柱状。花果期 7—12 月。

分布与生境

江苏、浙江、江西、福建、广西、海南和云南等地区广泛分布。通常生于水田、水沟和海边等潮湿区域。

营养与饲用价值

地上部分可饲喂家畜。可作绿肥。根有清热利尿、凉血解毒的功效。

田菁的营养成分（每 100 克干物质）

生育期	干物率 /%	粗蛋白 / 克	粗脂肪 / 克	粗纤维 / 克	无氮浸出物 / 克	粗灰分 / 克	钙 / 克	磷 / 克
营养生长期	17.7	17.5	4.3	35.4	36.9	5.9	0.55	0.21

植株

茎

叶

花

果荚

生境

蝶形花科

128. 霍州油菜

拉丁名 *Thermopsis chinensis* Benth. ex S. Moore

形态特征

野决明属，多年生草本。株高 50 ～ 70 厘米。茎直立，分枝，具沟棱，嫩时被伸展长柔毛；侧生枝基部离茎向上弯曲。3 小叶；叶柄长 1.5 ～ 3.0 厘米；托叶在主茎上的通常线状卵形，长于叶柄，在侧枝上的为披针形，短于叶柄；小叶倒卵形，长 2.0 ～ 4.5 厘米，宽 0.8 ～ 2.0 厘米，先端钝圆，具细尖，基部楔形，叶面无毛，背面疏被柔毛，侧枝上小叶较小。总状花序顶生，长 10 ～ 30 厘米；花互生；花冠黄色，花瓣均具长瓣柄，旗瓣近圆形。荚果向上直指，披针状线形，自基部向先端渐狭尖，长 5 ～ 7 厘米，宽 7 ～ 8 毫米，棕色，被淡黄色贴伏长硬毛；种子多达 15 ～ 20 粒。种子肾形，红褐色，密布腺点。花果期 4—7 月。

分布与生境

江苏、安徽、浙江等地区均有分布。常生于路边和荒地杂草丛中。

营养与饲用价值

青绿多汁，适口性好，牛、羊等草食性家畜喜食。根和种子可入药，具有治眼赤肿痛的功效。

霍州油菜的营养成分（每 100 克干物质）

生育期	干物率 /%	粗蛋白 / 克	粗脂肪 / 克	粗纤维 / 克	无氮浸出物 / 克	粗灰分 / 克	钙 / 克	磷 / 克
开花期	18.7	18.4	3.7	22.8	49.0	6.1	1.32	0.17

植株

花序

生境

叶

蝶形花科

129. 红三叶

拉丁名 *Trifolium pretense* L.

形态特征

车轴草属，短期多年生草本。株高 30 ～ 50 厘米。茎粗壮，具纵棱。主根发达。掌状三出复叶；托叶近卵形，膜质，每侧具脉纹 8 ～ 9 条，基部抱茎，先端离生部分渐尖，具锥刺状尖头；茎上部的叶柄短；小叶长 1.5 ～ 5.0 厘米，宽 1 ～ 2 厘米，先端钝，基部阔楔形，两面疏生褐色长柔毛；小叶柄短，长约 1.5 毫米。花序顶生，包于顶生叶的托叶内，托叶扩展成焰苞状，具花 30 ～ 70 朵，密集；花长 12 ～ 18 毫米；几无花梗；花冠紫红色至淡红色，旗瓣匙形，先端圆形，基部狭楔形，明显比翼瓣和龙骨瓣长，龙骨瓣稍比翼瓣短。荚果卵形；通常有 1 粒肾形种子。花果期 5—8 月。

分布与生境

安徽、江苏、江西、浙江等地区均有分布。新疆、云南、贵州、吉林、湖北地区均有野生种。

营养与饲用价值

营养丰富的豆科牧草，适口性好，鲜草和干草家畜均喜食。可入药，具有止咳、平喘、镇痛的作用。

红三叶的营养成分（每 100 克干物质）

生育期	干物率 /%	粗蛋白 / 克	粗脂肪 / 克	粗纤维 / 克	无氮浸出物 / 克	粗灰分 / 克	钙 / 克	磷 / 克
开花期	18.6	17.1	3.6	21.6	47.5	10.2	1.29	0.33

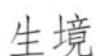
生境

植株

叶

花

蝶形花科

130. 白三叶

拉丁名 *Trifolium repens* L.

形态特征

车轴草属，多年生草本。株高 10 ～ 30 厘米。主根短，侧根和须根发达。匍匐茎蔓生，节上生根。掌状三出复叶；托叶卵状披针形，膜质，基部抱茎成鞘状，离生部分锐尖；叶柄长 10 ～ 30 厘米；小叶长 8 ～ 30 毫米，宽 8 ～ 25 毫米，叶面有“V”形白斑。小叶柄长 1.5 毫米，具柔毛。花序球形，顶生，直径 15 ～ 40 毫米；总花梗长，具花 20 ～ 80 朵，密集；花冠白色、乳黄色及淡红色，具香气。旗瓣椭圆形，比翼瓣和龙骨瓣长近 1 倍，龙骨瓣比翼瓣稍短。荚果长圆形；种子通常 3 粒。种子阔卵形。花果期 5—10 月。

分布与生境

20 世纪 40 年代引入华东地区，常见于南方人工草地、边坡及道路绿化等，并在湿润草地、河岸、路边呈半自生状态。

营养与饲用价值

营养丰富，是所有畜禽喜食的优良牧草和常用绿化及蜜源植物。全草可入药，味微甘，性平，具有清热凉血、安神镇痛、祛痰止咳的功效。

白三叶的营养成分（每 100 克干物质）

生育期	干物率 /%	粗蛋白 / 克	粗脂肪 / 克	粗纤维 / 克	无氮浸出物 / 克	粗灰分 / 克	钙 / 克	磷 / 克
营养期	15.5	24.5	2.5	12.5	47.5	13.0	1.60	0.35

生境

植株

匍匐茎

叶

花

成熟期

蝶形花科

131. 广布野豌豆

拉丁名 *Vicia cracca* L.

形态特征

野豌豆属，多年生草本。高 40 ～ 150 厘米。攀援和蔓生，茎有棱，被柔毛。偶数羽状复叶，叶轴顶端卷须有 2 ～ 3 个分支；托叶半箭头形，上部有两个深裂；小叶 5 ～ 12 对互生，线形、披针状线形，长 1 ～ 3 厘米，宽 0.2 ～ 0.4 厘米，具短尖头，基部近圆形，全缘；叶脉稀疏，呈三出脉状，不甚清晰。总状花序与叶轴近等长，花多数，10 ～ 40 枚密集一面向着生于总花序轴上部；花萼钟状，萼齿 5 个，近三角状披针形；花冠蓝紫色或紫红色，长 0.8 ～ 1.5 厘米；旗瓣长圆形，中部缢缩呈提琴形，先端微缺，瓣柄与瓣片近等长；翼瓣与旗瓣近等长，明显长于龙骨瓣先端钝；子房有柄，胚珠 4 ～ 7 个，花柱弯处与子房连接处呈大于 90 度的夹角，上部四周被毛。荚果长圆菱形，长 2.0 ～ 2.5 厘米，宽约 0.5 厘米，先端有喙，果梗长约 0.3 厘米。种子 3 ～ 6 个，扁圆球形，直径约 0.2 厘米，种皮黑褐色，种脐长相当于种子周长的 1/3。花果期 5—9 月。

分布与生境

分布于我国各地区。生于草甸、林缘、山坡、河滩草地及灌丛。

营养与饲用价值

优良饲草，牛、羊等适口性好，猪、禽等喜食。3 岁以上的荷斯坦牛和安格斯牛采食鲜草会引起中毒，而其干草和青贮料则不会引起中毒，有毒物质疑是一种凝集素。早春时该植物为蜜源植物。可药用，功效与救荒野豌豆相同。种子含淀粉。

广布野豌豆的营养成分（每 100 克干物质）

生育期	干物率 /%	粗蛋白 / 克	粗脂肪 / 克	粗纤维 / 克	无氮浸出物 / 克	粗灰分 / 克	钙 / 克	磷 / 克
营养期	18.3	18.0	2.5	33.2	39.2	7.1	0.57	0.15

植株　　叶　　花　　荚

生境

蝶形花科

132. 小巢菜

拉丁名 *Vicia hirsuta* (L.) S. F. Gray

形态特征

野豌豆属，一年生攀援或蔓生草本。株高 15 ～ 90 厘米。茎细柔有棱，近无毛。偶数羽状复叶末端卷须分支；托叶线形，基部有 2 ～ 3 裂齿；小叶 4 ～ 8 对，线形或狭长圆形，长 0.5 ～ 1.5 厘米，宽 0.1 ～ 0.3 厘米，先端平截，具短尖头，基部渐狭，无毛。总状花序明显短于叶；花萼钟形，萼齿披针形，长约 0.2 厘米；花 0.2 ～ 0.4 厘米密集于花序轴顶端，花甚小，仅长 0.3 ～ 0.5 厘米；花冠白色、淡蓝青色或紫白色，稀粉红色，旗瓣椭圆形，长约 0.3 厘米，先端平截有凹，翼瓣近勺形，与旗瓣近等长，龙骨瓣较短。荚果长圆菱形，长 0.5 ～ 1.0 厘米，表皮密被棕褐色长硬毛；种子 2 个，扁圆形，直径 0.15 ～ 0.25 厘米，两面凸出。花果期 4—7 月。

分布与生境

分布于华东、华中、西北及西南等地区。生于山沟、河滩、田边或路旁草丛。

营养与饲用价值

家畜喜采食。全草可入药，有活血、平胃、明目、消炎等功效。

小巢菜的营养成分（每 100 克干物质）

生育期	干物率 /%	粗蛋白 / 克	粗脂肪 / 克	粗纤维 / 克	无氮浸出物 / 克	粗灰分 / 克	钙 / 克	磷 / 克
营养生长期	13.7	19.1	2.8	28.9	40.3	8.9	0.63	0.27

植株

荚

叶

花

须

蝶形花科

133. 救荒野豌豆

拉丁名 *Vicia sativa* L.

形态特征

野豌豆属，一年生或越年生草本。高 15 ～ 90 厘米。斜升或攀援，茎具棱，且有柔毛。偶数羽状复叶长 2 ～ 10 厘米，叶轴顶端卷须有 2 ～ 3 个分支；托叶戟形，有 2 ～ 4 裂齿，长 0.3 ～ 0.4 厘米，宽 0.15 ～ 0.35 厘米；小叶 2 ～ 7 对，长椭圆形，长 0.9 ～ 2.5 厘米，宽 0.3 ～ 1.0 厘米。花腋生，近无梗；萼钟形，外面被柔毛，萼齿锥形；花冠紫红色，旗瓣呈卵圆形，先端圆，中部缢缩，翼瓣短于旗瓣，长于龙骨瓣；子房线形，微被柔毛。胚珠 4 ～ 8 个，子房具柄短，花柱上部被淡黄白色茸毛。荚果线长圆形，长 4 ～ 6 厘米，宽 0.5 ～ 0.8 厘米，表皮土黄色种间缢缩，有毛，成熟时背腹开裂，果瓣扭曲。种子 4 ～ 8 个，圆球形，黑褐色，种脐长相当于种子圆周的 1/5。花期 4—7 月，果期 7—9 月。

分布与生境

分布于全国各地。生于山坡、路边及草地。

营养与饲用价值

茎叶柔嫩，营养丰富，适口性好，牛、羊、猪、兔和家禽喜食。

救荒野豌豆的营养成分（每 100 克干物质）

生育期	干物率 /%	粗蛋白 / 克	粗脂肪 / 克	粗纤维 / 克	无氮浸出物 / 克	粗灰分 / 克	钙 / 克	磷 / 克
盛花期	11.4	18.1	1.9	20.8	50.7	8.5	—	—

生境

叶

植株

果荚

花

茎

蝶形花科

134. 窄叶野豌豆

拉丁名 *Vicia sativa* L. subsp. nigra Ehrhart

形态特征

野豌豆属，一年生或越年生草本。株高 20 ~ 50 厘米。茎蔓生多分枝，被疏柔毛。偶数羽状复叶长 2 ~ 6 厘米，叶轴顶端卷须发达；托叶半箭头形，长约 0.15 厘米，有 2 ~ 5 齿，被微柔毛；小叶 4 ~ 6 对，长圆形，长 1.0 ~ 2.5 厘米，宽 0.2 ~ 0.5 厘米，先端平截，具短尖头，基部近楔形，叶脉不明显，两面被浅黄色疏柔毛。花 1 ~ 2 朵腋生，有小苞叶；花萼钟形，萼齿 5 个，三角形，外面被黄色疏柔毛；花冠紫红色，旗瓣倒卵形，先端圆、微凹，有瓣柄，翼瓣与旗瓣近等长，龙骨瓣短于翼瓣。荚果长线形，微弯，长 2.5 ~ 5.0 厘米；种皮黑褐色。花果期 3—8 月。

分布与生境

华东、华中、华南及西南各地区均有分布。生于滨海至海拔 3 000 米的河滩、山沟、谷地、田边草丛。

营养与饲用价值

现蕾期、开花期的植株饲用品质好，家畜喜采食。

窄叶野豌豆的营养成分（每 100 克干物质）

生育期	干物率 /%	粗蛋白 / 克	粗脂肪 / 克	粗纤维 / 克	无氮浸出物 / 克	粗灰分 / 克	钙 / 克	磷 / 克
成熟期	27.4	12.4	2.6	34.4	44.8	5.8	0.76	0.17

生境

荚

植株

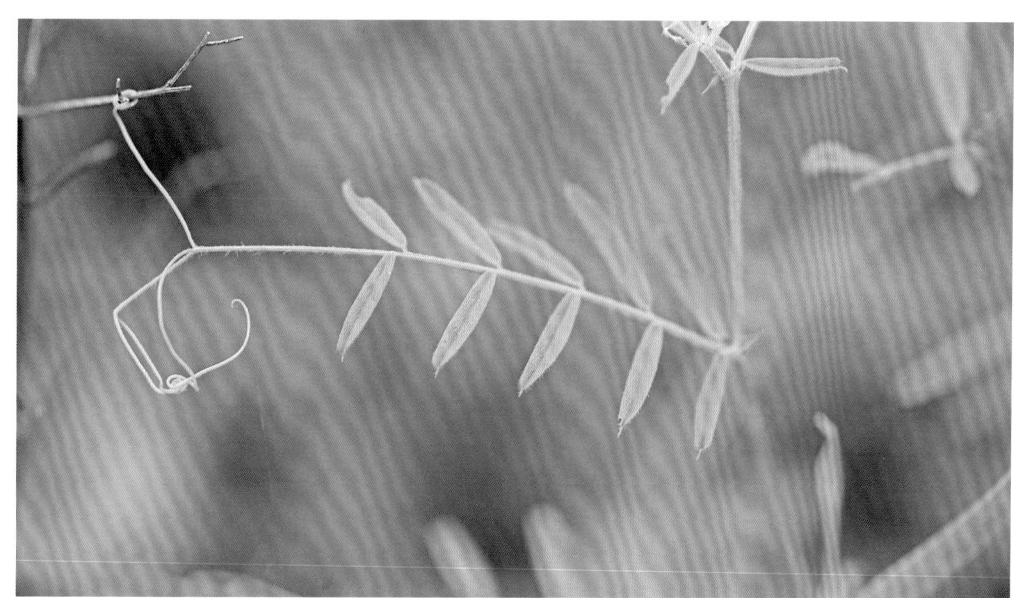
叶

花

蝶形花科

135. 四籽野豌豆

拉丁名 *Vicia tetrasperma* (L.) Schreber

形态特征

野豌豆属，一年生缠绕草本。株高 20 ~ 60 厘米。茎纤细柔软有棱，多分枝，微被柔毛。偶数羽状复叶，长 2 ~ 4 厘米；顶端为卷须，托叶箭头形，长 0.2 ~ 0.3 厘米；小叶 2 ~ 6 对，长 0.6 ~ 0.7 厘米，宽约 0.3 厘米，先端圆，基部楔形。总状花序长约 3 厘米，花 1 ~ 2 朵着生于花序轴先端，花长约 0.3 厘米；花萼斜钟状，长约 0.3 厘米，萼齿圆三角形；花冠淡蓝色，旗瓣长圆倒卵形，长约 0.6 厘米，宽 0.3 厘米，翼瓣与龙骨瓣近等长。荚果长圆形，长 0.8 ~ 1.2 厘米，宽 0.2 ~ 0.4 厘米，表皮棕黄色，近革质，具网纹。种子 4 个，扁圆形，直径约 0.2 厘米，种皮褐色，种脐白色。花果期 3—7 月。

分布与生境

华东、华中及西南等地区均有分布。生于海拔 50 ~ 1 950 米的山谷、草地阳坡。

营养与饲用价值

家畜优良牧草，适口性好。

四籽野豌豆的营养成分（每 100 克干物质）

生育期	干物率 /%	粗蛋白 / 克	粗脂肪 / 克	粗纤维 / 克	无氮浸出物 / 克	粗灰分 / 克	钙 / 克	磷 / 克
成熟期	27.9	13.5	4.5	26.3	51.7	4.0	0.62	0.19

生境

植株

茎　叶　花

荚

蝶形花科

136. 赤　豆

拉丁名 *Vigna angularis* (Willd.) Ohwi et Ohashi

形态特征

豇豆属，一年生缠绕草本。株高 30 ~ 90 厘米。植株被疏长毛。羽状复叶具 3 小叶；托叶盾状着生，箭头形，长 0.9 ~ 1.7 厘米；小叶卵形至菱状卵形，长 5 ~ 10 厘米，宽 5 ~ 8 厘米，先端宽三角形或近圆形，侧生的偏斜，全缘或浅 3 裂，两面均稍被疏长毛。花黄色，约 5 或 6 朵生于短的总花梗顶端；花梗极短；花冠长约 9 毫米，旗瓣扁圆形或近肾形，常稍歪斜，顶端凹，翼瓣比龙骨瓣宽，具短瓣柄及耳，基部有瓣柄。荚果圆柱状，长 5 ~ 8 厘米，宽 5 ~ 6 毫米，平展或下弯，无毛；种子通常暗红色或其他颜色，长圆形，长 5 ~ 6 毫米。花果期 8—10 月。

分布与生境

我国南北各地均有栽培。荒草地有逸生和野生。

营养与饲用价值

牛、羊等家畜的优质饲料，适口性好。种子可食用。

赤豆的营养成分（每 100 克干物质）

生育期	干物率 /%	粗蛋白 / 克	粗脂肪 / 克	粗纤维 / 克	无氮浸出物 / 克	粗灰分 / 克	钙 / 克	磷 / 克
开花期	23.0	14.5	1.0	32.1	41.6	10.8	1.2	0.2

植株

茎

荚

叶

花

蝶形花科

137. 贼小豆

拉丁名 *Vigna minima* (Roxb.) Ohwi et Ohashi

形态特征

豇豆属，一年生缠绕草本。茎纤细，无毛或被疏毛。羽状复叶具 3 小叶；托叶披针形，长约 4 毫米，盾状着生、被疏硬毛；小叶的形状和大小变化颇大，卵形、卵状披针形、披针形或线形，长 2.5 ～ 7.0 厘米，宽 0.8 ～ 3.0 厘米，先端急尖或钝，基部圆形或宽楔形，两面近无毛或被极稀疏的糙伏毛。总状花序柔弱；总花梗远长于叶柄，通常有花 3 ～ 4 朵；小苞片线形或线状披针形；花萼钟状，长约 3 毫米，具不等大的 5 齿，裂齿被硬缘毛；花冠黄色，旗瓣极外弯，近圆形，长约 1 厘米，宽约 8 毫米；龙骨瓣具长而尖的耳。荚果圆柱形，长 3.5 ～ 6.5 厘米，宽 4 毫米，无毛，开裂后旋卷；种子 4 ～ 8 粒，长圆形，长约 4 毫米，深灰。花果期 8—10 月。

分布与生境

分布于我国北部、东南部至南部。生于旷野、草丛或灌丛中。

营养与饲用价值

幼嫩茎叶可作家畜饲料。

植株

叶

花序

花

菊科

138. 青　蒿　拉丁名 *Artemisia carvifolia*

形态特征

蒿属，一年生草本。株高 30 ～ 150 厘米。主根发达。茎单生，上部多分枝，幼时绿色，有纵纹，无毛。叶两面青绿色或淡绿色，无毛；基生叶与茎下部叶三回栉齿状羽状分裂，有长叶柄，花期叶凋谢；中部叶长圆形、长圆状卵形或椭圆形，长 5 ～ 15 厘米，1 回栉齿状羽状分裂，上部叶与苞片叶 1 ～ 2 回栉齿状羽状分裂，无柄。头状花序半球形或近半球形，直径 3.5 ～ 4.0 毫米，具短梗，在分枝上排成穗状花序式的总状花序，并在茎上组成中等开展的圆锥花序；花序托球形；花淡黄色；雌花 10 ～ 20 朵，花冠狭管状，花柱伸出花冠管外；两性花 30 ～ 40 朵，部分孕育，花冠管状。瘦果长圆形至椭圆形。花果期 6—9 月。

分布与生境

分布于江苏、安徽、浙江、江西、福建、山东等地区。生于低海拔、湿润的河岸边沙地、山谷、林缘、路旁等，也见于滨海地区。

营养与饲用价值

幼嫩植株可作家畜饲料。植株有香气。全草可入药，具有清透虚热、凉血除蒸的功效。

植株

茎

叶

生境

菊科

139. 茵陈蒿

拉丁名 *Artemisia capillaris* Thunb.

形态特征

蒿属，多年生半灌木状草本。株高 40 ～ 120 厘米。茎直立、单生或少数，红褐色或褐色，常有细的营养枝。茎、枝初时密生灰白色或灰黄色绢质柔毛，后渐稀疏或脱落。主根垂直或斜向下伸长。基生叶密集着生，常成莲座状；基生叶、茎下部叶与营养枝叶两面均被棕黄色或灰黄色绢质柔毛，后期茎下部叶被毛脱落，叶卵圆形或卵状椭圆形，长 2 ～ 4 厘米，2 ～ 3 回羽状全裂，每裂片再 3 ～ 5 全裂，小裂片狭线形或狭线状披针形，叶柄长 3 ～ 7 毫米，花期上述叶均萎谢；中部叶宽卵形或近圆形长 2 ～ 3 厘米，1 ～ 2 回羽状全裂，小裂片狭线形或丝线形，近无毛，顶端微尖，基部裂片常半抱茎，近无叶柄；上部叶与苞片叶羽状 5 全裂或 3 全裂，基部裂片半抱茎。头状花序卵球形，稀近球形，多数，直径 1.5 ～ 2.0 毫米，有短梗及线形的小苞叶，在分枝的上端或小枝端偏向外侧生长，常排成复总状花序，并在茎上端组成大型、开展的圆锥花序；雌花 6 ～ 10 朵，花冠狭管状或狭圆锥状，花柱细长，伸出花冠外；两性花 3 ～ 7 朵，不孕育。瘦果长卵形。花果期 7—10 月。

分布与生境

分布于江苏、安徽、浙江、山东、江西等地区。生于低海拔地区河岸、海岸附近的湿润沙地、路旁及低山坡地区。

营养与饲用价值

植株柔嫩，鲜草或干草可作家畜饲料。有浓烈的香气。幼嫩枝、叶可食用或酿制成茵陈酒。

茵陈蒿的营养成分（每 100 克干物质）

生育期	干物率 /%	粗蛋白 / 克	粗脂肪 / 克	粗纤维 / 克	无氮浸出物 / 克	粗灰分 / 克	钙 / 克	磷 / 克
花果期	—	21.2	2.3	19.4	43.6	13.5	1.66	0.16

植株　　花序　　叶　　茎

生境

菊科

140. 猪毛蒿

拉丁名 *Artemisia scoparia* Waldst. et Kit.

形态特征

蒿属，多年生草本。株高 40 ～ 90 厘米。植株有浓烈的香气。主直根狭纺锤形；根状茎粗短。茎直立，通常单生，红褐色或褐色，有纵纹；常有细的营养枝，枝上密生叶。常自下部开始分枝，枝长 10 ～ 20 厘米或更长；茎、枝幼时被灰白色或灰黄色绢质柔毛，以后脱落。基生叶与营养枝叶两面被灰白色绢质柔毛。叶近圆形、长卵形，2 ～ 3 回羽状全裂，具长柄，花期叶凋谢；茎中、下部叶初时两面密被灰白色或灰黄色略带绢质的短柔毛，后毛脱落，叶长卵形或椭圆形，长 1.0 ～ 3.5 厘米，1 ～ 3 回羽状全裂；茎上部叶与分枝上叶 3 ～ 5 全裂或不分裂。头状花序近球形，直径 1.0 ～ 1.5 毫米，具极短梗或无梗，在分枝上偏向外侧生长，并排成复总状或复穗状花序，而在茎上再组成大型、开展的圆锥花序；雌花 5 ～ 7 朵，两性花 4 ～ 10 朵，花冠管状。瘦果倒卵形或长圆形，褐色。花果期 7—10 月。

分布与生境

分布遍及全国。生于中海拔和低海拔地区的山坡、旷野、路旁等。

营养与饲用价值

植株幼嫩时可作家畜优质饲料。全草可入药，具有清热利湿、利胆退黄的功效。嫩茎叶可食用。

猪毛蒿的营养成分（每 100 克干物质）

生育期	干物率 /%	粗蛋白 / 克	粗脂肪 / 克	粗纤维 / 克	无氮浸出物 / 克	粗灰分 / 克	钙 / 克	磷 / 克
盛花期	—	14.1	7.6	29.8	37.9	10.6	2.10	0.41

生境

植株

叶

菊科

141. 蒌 蒿

拉丁名 *Artemisia selengensis* Turcz. ex Bess.

形态特征

蒿属，多年生草本。株高 60 ~ 150 厘米。植株具清香气味。须根发达；根状茎稍粗，直立或斜向上，有匍匐地下茎。茎少数，绿褐色或紫红色，无毛，有明显纵棱。叶绿色，无毛或近无毛，背面密被灰白色蛛丝状平贴的绵毛；茎基部和中部叶宽卵形或卵形，长 8 ~ 12 厘米，近成掌状或指状 5 裂或 3 裂或深裂，边缘通常具细锯齿；上部叶 3 深裂、2 裂或不分裂，边缘具疏锯齿。头状花序多数，长圆形或宽卵形，直径 2.0 ~ 2.5 毫米，近无梗，在分枝上排成密穗状花序，并在茎上组成狭而伸长的圆锥花序；雌花 8 ~ 12 朵，花冠狭管状，花柱细长，伸出花冠外甚长；两性花 10 ~ 15 朵，花冠管状，花柱与花冠近等长。瘦果卵形，略扁。花果期 7—10 月。

分布与生境

分布于江苏、安徽、江西、河南、湖北等地区。多生于低海拔地区的河湖岸边与沼泽地带。

营养与饲用价值

植株幼嫩时羊、马喜食，牛少量采食。嫩茎叶可作蔬菜。全草可入药，有止血、消炎、镇咳、化痰之效。

蒌蒿的营养成分（每 100 克干物质）

生育期	干物率 /%	粗蛋白 / 克	粗脂肪 / 克	粗纤维 / 克	无氮浸出物 / 克	粗灰分 / 克	钙 / 克	磷 / 克
孕蕾期	—	16.3	4.4	24.0	42.4	12.9	1.10	0.17

生境

植株

叶背

茎

花序

菊科

142. 马 兰

拉丁名 *Aster indicus* L.

形态特征

紫菀属，多年生草本。株高 30 ～ 70 厘米。茎直立，茎上部有短毛。基部叶在花期枯萎；茎部叶长 3 ～ 6 厘米，宽 0.8 ～ 2.0 厘米，基部渐狭成具翅的长柄，上部叶小，全缘，基部急狭无柄，全部叶稍薄质，边缘及下面沿脉有短粗毛，中脉在下面凸起。头状花序单生于枝端并排列成疏伞房状。总苞半球形，径 6 ～ 9 毫米，长 4 ～ 5 毫米；总苞片 2 ～ 3 层，覆瓦状排列。花托圆锥形。舌状花 1 层，15 ～ 20 个，管部长 1.5 ～ 1.7 毫米；舌片浅紫色，长达 10 毫米，宽 1.5 ～ 2.0 毫米；管状花长 3.5 毫米，管部长 1.5 毫米，被短密毛。瘦果倒卵状矩圆形，极扁，长 1.5 ～ 2.0 毫米，宽 1 毫米，褐色，边缘浅色而有厚肋，上部被腺及短柔毛。花果期 5—10 月。

分布与生境

江苏、浙江、安徽、四川、云南、贵州、湖北、湖南、江西、广东、广西、福建等地区均有分布。生于林缘、草丛、溪岸、路旁。

营养与饲用价值

营养丰富，适口性好，畜禽类均喜食。早春可作野菜用。全草可入药，具有败毒、凉血散淤、清热利湿、消肿止痛的功效。

马兰的营养成分（每 100 克干物质）

生育期	干物率 /%	粗蛋白 / 克	粗脂肪 / 克	粗纤维 / 克	无氮浸出物 / 克	粗灰分 / 克	钙 / 克	磷 / 克
开花期	36.3	10.4	2.8	14.2	63.8	8.8	—	—

生境

植株

茎

叶

花

菊科

143. 全叶马兰

拉丁名 *Aster pekinensis* (Hance) Kitag.

形态特征

紫菀属，多年生草本。株高 30 ～ 70 厘米。茎直立，有长纺锤状直根。单生或数个丛生，被细硬毛，中部以上有近直立的帚状分枝。下部叶在花期枯萎；中部叶多而密，条状披针形、倒披针形或矩圆形，长 2.5 ～ 4.0 厘米，宽 0.4 ～ 0.6 厘米，顶端钝或渐尖，常有小尖头，基部渐狭无柄，全缘，边缘稍反卷；上部叶较小，条形；全部叶下面灰绿色，两面密被粉状短茸毛；中脉在下面凸起。头状花序单生枝端且排成疏伞房状。管状花花冠长 3 毫米，管部长 1 毫米，有毛。瘦果倒卵形，长 1.8 ～ 2.0 毫米，浅褐色。冠毛带褐色，长 0.3 ～ 0.5 毫米，不等长，易脱落。花果期 6—11 月。

分布与生境

广泛分布于我国东部、西部、中部、北部及东北部等地区。生于山坡、林缘、灌丛和路旁。

营养与饲用价值

饲用品质良好，可作家畜饲料。全草可入药，有清热解毒、止咳的功效。

全叶马兰的营养成分（每 100 克干物质）

生育期	干物率 /%	粗蛋白 / 克	粗脂肪 / 克	粗纤维 / 克	无氮浸出物 / 克	粗灰分 / 克	钙 / 克	磷 / 克
开花期	—	13.8	3.2	27.8	46.0	9.2	1.85	0.79

生境

植株

茎

花

叶

菊科

144. 钻形紫菀

拉丁名 *Aster sublatus* Michx.

形态特征

紫菀属，多年生草本。株高 25 ～ 80 厘米。茎基部略带红色，上部有分枝。叶互生，无柄；基部叶倒披针形，花期凋落；中部叶线状披针形，长 6 ～ 10 厘米，宽 0.5 ～ 1.0 厘米，先端尖或钝，全缘，上部叶渐狭线形。头状花序顶生，排成圆锥花序；总苞钟状；总苞片 3 ～ 4 层，外层较短，内层较长，线状钻形，无毛，背面绿色，先端略带红色；舌状花细狭小，红色；管状花多数，短于冠毛。瘦果略有毛。花期 9—11 月。

分布与生境

江苏、安徽、浙江、福建、广东、广西、贵州、湖北、湖南、江西、上海、四川、云南、重庆等地区均有分布。喜生于潮湿的土壤，沼泽或含盐的土壤中也可以生长。

营养与饲用价值

幼嫩植株适口性较好，可作家畜饲料。

钻形紫菀的营养成分（每 100 克干物质）

生育期	干物率 /%	粗蛋白 / 克	粗脂肪 / 克	粗纤维 / 克	无氮浸出物 / 克	粗灰分 / 克	钙 / 克	磷 / 克
成熟期	30.0	11.5	4.5	18.2	56.9	8.9	—	—

生境

植株

叶

花

种子

菊科

145. 节毛飞廉

拉丁名 *Carduus acanthoides* L.

形态特征

飞廉属，越年生或多年生草本。株高 30 ～ 100 厘米。茎单生，有条棱，有长分枝或不分枝，全部茎枝被稀疏或下部稍稠密的长节毛，头状花序下部的毛通常密厚。茎基部叶长椭圆形或长倒披针形，长 6 ～ 29 厘米，羽状浅裂、半裂或深裂，侧裂片 6 ～ 12 对，边缘有钝三角形刺齿，齿顶及齿缘有黄白色针刺，齿顶针刺较长，长 3 ～ 5 毫米，或叶边缘有大锯齿；向上叶渐小，与基部及下部茎叶同形并等样分裂，头状花序下部的叶宽线形或线形，有时不裂。全部茎叶两面同色，绿色，沿脉有稀疏的长节毛，基部渐狭，两侧沿茎下延成茎翼。茎翼齿裂。头状花序无花序梗，3 ～ 5 个集生或疏松排列于茎顶或枝端。小花红紫色，长 1.7 厘米。瘦果长椭圆形，长 4 毫米，浅褐色，冠毛多层，白色，或稍带褐色。花果期 5—10 月。

它与近缘种丝毛飞廉的主要区别在于它的叶两面同色，绿色，沿脉仅有多细胞长节毛，下面并无蛛丝状薄棉毛。

分布与生境

遍布全国。生于山坡、草地、林缘、灌丛中或山谷、山沟、水边、田间。

营养与饲用价值

全株有针刺，家畜不喜采食。是重要的蜜源植物。全草可入药，具有清热利湿、凉血止血、活血消肿等功效。

植株

茎

叶

蕾

花

菊科

146. 菊 苣

拉丁名 *Cichorium intybus* L.

形态特征

菊苣属，多年生草本。株高 40 ～ 100 厘米。茎直立，单生，分枝开展或极开展，有条棱，被极稀疏的长而弯曲的糙毛或刚毛或几乎无毛。基生叶莲座状，倒披针状长椭圆形；茎生叶少数，较小，卵状倒披针形至披针形，无柄，基部圆形或戟形扩大半抱茎。全部叶质地薄，两面被稀疏的多细胞长节毛，但叶脉及边缘的毛较多。头状花序多数，单生或数个集生于茎顶或枝端，或 2 ～ 8 个为一组沿花枝排列成穗状花序。总苞圆柱状，长 8 ～ 12 毫米；舌状小花蓝色，长约 14 毫米，有色斑。瘦果倒卵状、椭圆状或倒楔形，外层瘦果压扁，褐色，有棕黑色色斑。冠毛极短，2 ～ 3 层，膜片状。花果期 5—10 月。

分布与生境

分布于江苏、江西、北京、黑龙江、辽宁、山西等地区。生于滨海荒地、河边、水沟边或山坡。

营养与饲用价值

叶片柔嫩多汁，营养丰富，粗蛋白含量高，牛、羊、猪、鸡、兔均喜食。根含菊糖及芳香族物质，具有清热解毒、利尿消肿、健胃等功效，可提制代用咖啡。

菊苣的营养成分（每 100 克干物质）

生育期	干物率 /%	粗蛋白 / 克	粗脂肪 / 克	粗纤维 / 克	无氮浸出物 / 克	粗灰分 / 克	钙 / 克	磷 / 克
营养生长期	—	26.6	5.2	15.0	35.4	17.8	1.50	0.42

生境

叶

植株

幼株

茎

花

菊科

147. 刺儿菜

拉丁名 *Cirsium arvense* Var. integrifolium C. Wimm & Grab.

形态特征

蓟属，多年生草本。株高 20 ～ 30 厘米。具匍匐根茎，茎有棱，幼茎被白色蛛丝状毛。基生叶和中部茎叶通常无叶柄，长 7 ～ 15 厘米，宽 1.5 ～ 10.0 厘米，上部茎叶渐小，叶缘有细密的针刺。头状花序单生茎端。总苞片约 6 层，覆瓦状排列，向内层渐长。小花雌花花冠长 2.4 厘米，檐部长 6 毫米，细管部细丝状，长 18 毫米，两性花花冠长 1.8 厘米，长 1.2 毫米。瘦果淡黄色，压扁，长 3 毫米，宽 1.5 毫米，顶端斜截形。冠毛污白色，多层，整体脱落；冠毛刚毛长羽毛状，长 3.5 厘米。花果期 5—9 月。

分布与生境

在华东各地均有分布。适应性很强。普遍群生于撂荒地、耕地、路边。

营养与饲用价值

幼嫩时牛、羊、猪喜食。早春幼株可食用。全草可入药，具凉血止血、祛瘀消肿的作用。

刺儿菜的营养成分（每 100 克干物质）

生育期	干物率 /%	粗蛋白 / 克	粗脂肪 / 克	粗纤维 / 克	无氮浸出物 / 克	粗灰分 / 克	钙 / 克	磷 / 克
开花期	23.0	12.2	4.2	30.9	36.5	16.2	1.51	0.32

叶

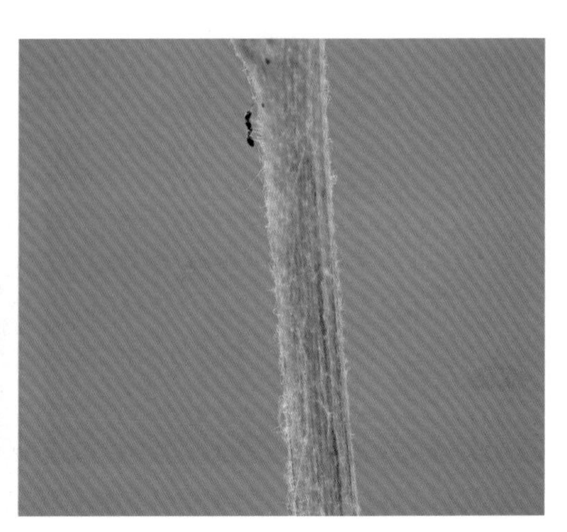

茎

植株

蕾

花

生境

菊科

148. 尖裂假还阳参

拉丁名 *Crepidiastrum sonchifolium* (Maxim.) Pak & Kawano

形态特征

假还阳参属，一年生草本。株高 40 ～ 100 厘米，茎直立。上部伞房花序状分枝，分枝弯曲斜升，全部茎枝无毛。基生叶线状披针形，包括叶柄长 7 ～ 12 厘米，宽 5 ～ 8 毫米，顶端急尖，基部渐狭成长或短柄；中下部茎叶披针形，长 5 ～ 15 厘米，宽 1.5 ～ 2.0 厘米，顶端急尖，基部箭头状半抱茎，向上的叶渐小，与中下部茎叶同形，基部箭头状半抱茎，基部收窄，但不成箭头状半抱茎；全部叶两面无毛，边缘全缘，极少下部边缘有稀疏的小尖头。头状花序多数，在茎枝顶端排成伞房状花序，花序梗细。总苞圆柱状，长 5 ～ 7 毫米，果期扩大成卵球形；舌状小花黄色，极少白色，10 ～ 25 枚。瘦果压扁，褐色，长椭圆形，长 2.5 毫米，无毛。冠毛白色。花果期 4—9 月。

分布与生境

江苏、浙江、福建、安徽、江西、湖南、广东、广西、贵州、四川、云南均有分布。生于山坡林缘、灌丛、草地、田野路旁。

营养与饲用价值

嫩茎叶是猪、禽的优质饲料。全草可入药，味苦、辛，性微寒。具有清热解毒、消肿止痛的作用。

尖裂假还阳参的营养成分（每 100 克干物质）

生育期	干物率 /%	粗蛋白 / 克	粗脂肪 / 克	粗纤维 / 克	无氮浸出物 / 克	粗灰分 / 克	钙 / 克	磷 / 克
开花期	21.0	11.9	1.9	26.3	49.9	10.0	0.93	0.02

花序

花

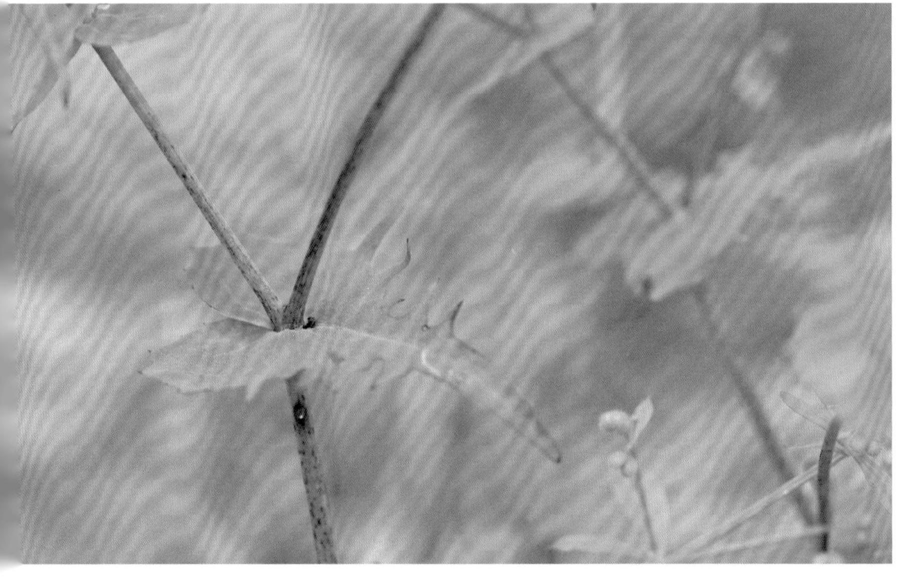
叶

植株

生境

菊科

149. 鳢 肠

拉丁名 *Eclipta prostrata* (L.) L.

形态特征

鳢肠属，一年生草本。株高 60 厘米，茎直立，斜升或平卧，通常自基部分枝，被贴生糙毛。叶长圆状披针形或披针形，长 3 ～ 10 厘米，宽 0.5 ～ 2.5 厘米，无柄或有极短的柄，顶端尖或渐尖，边缘有细锯齿或有时仅波状，两面被密硬糙毛。头状花序径 6 ～ 8 毫米，有长 2 ～ 4 厘米的细花序梗；总苞球状钟形，总苞片绿色，草质；外围的雌花 2 层，舌状，长 2 ～ 3 毫米，舌片短，顶端 2 浅裂或全缘；中央的两性花多数，花冠管状，白色，长约 1.5 毫米，顶端 4 齿裂；瘦果暗褐色，长 2.8 毫米，雌花的瘦果三棱形，两性花的瘦果扁四棱形，顶端截形，具 1 ～ 3 个细齿，边缘具白色的肋，表面有小瘤状突起，无毛。花期 6—9 月。

分布与生境

遍布于全国各地区。生于河边、田边或路旁。

营养与饲用价值

茎叶柔嫩，家畜喜食，常作猪饲料。全草可入药，具有凉血、止血、消肿、强壮之效。

鳢肠的营养成分（每 100 克干物质）

生育期	干物率 /%	粗蛋白 / 克	粗脂肪 / 克	粗纤维 / 克	无氮浸出物 / 克	粗灰分 / 克	钙 / 克	磷 / 克
营养期	19.0	14.4	2.8	22.7	46.6	13.5	1.55	0.35

生境

植株

茎

叶

果

花

菊科

150. 一年蓬

拉丁名 *Erigeron annuus* (L.) Pers.

形态特征

飞蓬属，一年生草本。株高30～100厘米。茎粗壮，基部径6毫米，直立，上部有分枝，绿色，下部被开展的长硬毛，上部被较密的上弯的短硬毛。基部叶花期枯萎，长4～17厘米，宽1.5～4.0厘米，基部狭成具翅的长柄，边缘具粗齿，下部叶与基部叶同形，但叶柄较短，中部和上部叶较小，长1～9厘米，宽0.5～2.0厘米，顶端尖，最上部叶线形，全部叶边缘被短硬毛，头状花序排列成疏圆锥花序，总苞半球形，总苞片3层，草质，披针形；外围的雌花舌状，2层，长6～8毫米，管部长1.0～1.5毫米，上部被疏微毛，舌片平展，线形；中央的两性花管状，黄色，管部长约0.5毫米；瘦果披针形，长约1.2毫米，扁状，被疏贴柔毛。花果期6—9月。

分布与生境

在华东各地均有分布。常见于路边、旷野或山坡。

营养与饲用价值

营养丰富，是重要的饲料添加剂。全草可入药，具有消食止泻、清热解毒、截疟的功效。

一年蓬的营养成分（每100克干物质）

生育期	干物率/%	粗蛋白/克	粗脂肪/克	粗纤维/克	无氮浸出物/克	粗灰分/克	钙/克	磷/克
开花期	23.4	14.5	2.3	30.5	43.8	8.9	0.78	1.56

生境

植株

叶

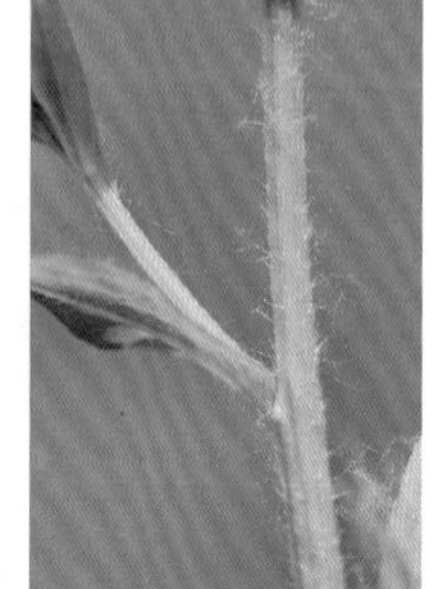
茎

花

菊科

151. 小飞蓬 拉丁名 *Erigeron canadensis* L.

形态特征

飞蓬属，一年生草本。株高 50 ～ 100 厘米。茎直立，圆柱状，具棱，有条纹，被疏长硬毛，上部多分枝。叶密集，基部叶花期常枯萎，下部叶倒披针形，长 6 ～ 10 厘米，宽 1.0 ～ 1.5 厘米，顶端尖或渐尖，基部渐狭成柄，边缘具疏锯齿或全缘，中部和上部叶较小，线状披针形或线形，近无柄或无柄，全缘或少有 1 ～ 2 个齿，两面或仅叶面被疏短毛，边缘常被上弯的硬缘毛。头状花序多数，排列成顶生多分枝的大圆锥花序；花序梗细，长 5 ～ 10 毫米，总苞近圆柱状，长 2.5 ～ 4.0 毫米；总苞片 2 ～ 3 层，淡绿色，线状披针形或线形，顶端渐尖，外层约短于内层之半背面被疏毛，内层长 3.0 ～ 3.5 毫米，宽约 0.3 毫米，边缘干膜质，无毛；雌花多数，舌状，白色，长 2.5 ～ 3.5 毫米；两性花淡黄色，花冠管状，长 2.5 ～ 3.0 毫米，上端具 4 个或 5 个齿裂，管部上部被疏微毛；瘦果线状披针形，长 1.2 ～ 1.5 毫米，稍扁压，被贴微毛；冠毛污白色，1 层，糙毛状，长 2.5 ～ 3.0 毫米。花期 5—9 月。

分布与生境

在我国南北各地区均有分布。生于旷野、荒地、田边和路旁。

营养与饲用价值

嫩茎、叶可作猪饲料。全草可入药，具有消炎止血、祛风湿的功效。

小飞蓬的营养成分（每 100 克干物质）

生育期	干物率 /%	粗蛋白 / 克	粗脂肪 / 克	粗纤维	无氮浸出物 / 克	粗灰分 / 克
花前期	36.2	3.7	3.6	22.6	58.7	11.4

生境

花序

叶

植株

茎

花

菊科

152. 野塘蒿

拉丁名 *Erigeron bonariensis* L.

形态特征

飞蓬属，一年生或越年生草本。株高 20 ～ 50 厘米。根纺锤状，常斜升，具纤维状根。茎中部以上常分枝，常有斜上不育的侧枝，密被贴短毛，杂有开展的疏长毛。叶密集，基部叶花期常枯萎，长 3 ～ 5 厘米，宽 0.3 ～ 1.0 厘米，基部渐狭成长柄，长 3 ～ 7 厘米，宽 0.3 ～ 0.5 厘米，中部叶具齿，上部叶全缘，两面均密被贴糙毛。头状花序，径 8 ～ 10 毫米，在茎端排列成总状或圆锥花序，花序梗长 10 ～ 15 毫米；总苞椭圆状卵形，长约 5 毫米，宽约 8 毫米，总苞片 2 ～ 3 层。雌花多层，白色，花冠细管状，长 3.0 ～ 3.5 毫米；两性花淡黄色，花冠管状，长约 3 毫米；瘦果披针形，扁状，被疏短毛；冠毛 1 层，淡红褐色。花期 5—10 月。

分布与生境

广泛分布于华东及我国南方地区。常生于荒地、田边、路旁，为常见杂草。

营养与饲用价值

幼嫩时可作牧草。全草可入药，可以治疗感冒、疟疾、急性关节炎及外伤出血等症。

生境

植株

花序

茎

叶

菊科

153. 菊芋

拉丁名 *Helianthus tuberosus* L.

形态特征

向日葵属，多年生草本。株高 1 ～ 3 米。有块状的地下茎及纤维状根。茎直立，有分枝，被白色短糙毛。叶通常对生，有叶柄，上部叶互生；基部叶卵状椭圆形，有长柄，长 10 ～ 16 厘米，宽 3 ～ 6 厘米，基部宽楔形，顶端渐细尖，边缘有粗锯齿，叶面被白色短粗毛、叶背面被柔毛，叶脉上有短硬毛，上部叶长椭圆形，基部渐狭，下延成短翅状，顶端渐尖，短尾状。头状花序较大，单生于枝端，有 1 ～ 2 个线状披针形的苞叶，直立。舌状花通常 12 ～ 20 个，舌片黄色，开展，长椭圆形，长 1.7 ～ 3.0 厘米；管状花花冠黄色，长 6 毫米。瘦果小，楔形，上端具有毛的锥状扁芒。花期 8—9 月。

分布与生境

在我国各地广泛分布。生于沟坡旱地，野生或人工栽培。

营养与饲用价值

优良的多汁饲料。新鲜的茎、叶可制作青贮饲料。块茎可作蔬菜并能加工成酱菜。菊糖含量高，对糖尿病有疗效。

菊芋的营养成分（每 100 克干物质）

生育期	干物率 /%	粗蛋白 / 克	粗脂肪 / 克	粗纤维 / 克	无氮浸出物 / 克	粗灰分 / 克	钙 / 克	磷 / 克
营养期	23.7	11.1	7.9	15.1	55.6	10.3	0.05	0.21

花序

花

茎　　叶

植株

菊科

154. 泥胡菜

拉丁名 *Hemistepta lyrata* (Bunge) Fisch. & C. A. mey.

形态特征

泥胡菜属，一年生草本。株高 30 ~ 100 厘米。茎多单生，常被稀疏蛛丝毛，上部有分枝。基生叶长椭圆形或倒披针形，花期通常枯萎；中下部茎叶与基生叶同形，长 4 ~ 15 厘米或更长，宽 1.5 ~ 5.0 厘米或更宽，全叶大头羽状，深裂或全裂。叶片质地薄，两面异色，叶面绿色，无毛，背面灰白色，被厚或薄茸毛，基生叶及下部茎叶有长叶柄，叶柄长达 8 厘米，柄基扩大抱茎，上部茎生叶的叶柄渐短，最上部茎生叶无柄。头状花序在茎枝顶端排成疏松伞房花序，少有植株仅含一个头状花序而单生茎顶的。总苞宽钟状或半球形，直径 1.5 ~ 3.0 厘米。全部苞片质地薄，中外层苞片外面上方近顶端有直立的鸡冠状突起的附片，附片紫红色，内层苞片顶端长渐尖，上方染红色，但无鸡冠状突起的附片。小花紫色或红色，花冠长 1.4 厘米。瘦果小，楔状或偏斜楔形，长 2.2 毫米，深褐色，压扁。冠毛异型，白色。花果期 3—8 月。

分布与生境

除新疆、西藏外，遍布全国。生于山坡、山谷、丘陵荒地、田间、河边和路旁等。

营养与饲用价值

猪、禽等喜食；牛、羊等不食。全株可入药，具有清热解毒、散结消肿的功效。

泥胡菜的营养成分（每 100 克干物质）

生育期	干物率 /%	粗蛋白 / 克	粗脂肪 / 克	粗纤维 / 克	无氮浸出物 / 克	粗灰分 / 克	钙 / 克	磷 / 克
营养期	19.0	14.1	4.6	24.5	46.0	10.8	0.40	0.22

生境

叶

植株

茎

花

菊科

155. 小苦荬

拉丁名 *Ixeridium dentatum* (Thunb.) Tzvel.

形态特征

小苦荬属，多年生草本。株高 10 ～ 50 厘米。根壮茎短缩，须根发达。茎直立，单生，上部伞房花序状分枝或自基部分枝，全部茎枝无毛。基生叶长倒披针形、长椭圆形，长 1.5 ～ 15.0 厘米，有小尖头，全缘；通常中下部边缘或仅基部边缘有稀疏的缘毛状或长尖头状锯齿，基部渐狭成长或宽翼柄，翼柄长 2.5 ～ 6.0 厘米；茎叶少数，披针形，不分裂，基部扩大耳状抱茎，中部以下边缘或基部边缘有缘毛状锯齿；全部叶两面无毛。头状花序多数，在茎枝顶端排成伞房状花序，花序梗细。总苞圆柱状，长 7 ～ 8 毫米。舌状小花 5 ～ 7 枚，黄色，少白色。瘦果纺锤形，长 3 毫米，稍压扁，褐色。冠毛黄色或黄褐色，微糙毛状。花果期 4—8 月。

分布与生境

分布于江苏、浙江、福建、安徽、江西等地区。生于山坡、山坡林下、潮湿处或田边。

营养与饲用价值

植株柔嫩多汁，叶量较多，适口性好，是一种优质的家畜饲料。

生境

植株

叶

花

菊科

156. 苦荬菜

拉丁名 *Ixeris polycephala* Cass.

形态特征

苦荬菜属，一年生草本。株高 10 ~ 80 厘米。根垂直直伸，生多数须根。茎直立，基部直径 2 ~ 4 毫米，分枝弯曲斜升，全部茎枝无毛。基生叶花期生存，包括叶柄长 7 ~ 12 厘米，宽 5 ~ 8 毫米，顶端急尖；中下部茎叶长 5 ~ 15 厘米，宽 1.5 ~ 2.0 厘米，顶端急尖，基部箭头状半抱茎，与中下部茎叶同形，基部收窄，但不成箭头状半抱茎；全部叶两面无毛，边缘全缘，极少下部边缘有稀疏的小尖头。头状花序多数，在茎枝顶端排成伞房状花序，花序梗细。总苞圆柱状，长 5 ~ 7 毫米，果期扩大成卵球形。舌状小花黄色，极少白色，10 ~ 25 枚。瘦果压扁，褐色，长椭圆形。冠毛白色，纤细，微糙，不等长，长达 4 毫米。花果期 3—6 月。

分布与生境

在华东各地均有分布。常见于路边、荒野处。

营养与饲用价值

多汁，适口性好。茎叶为猪、禽的优质饲料。全株可入药，具有清热解毒、凉血、消痛排脓、祛瘀止痛的功效。

苦荬菜的营养成分（每 100 克干物质）

生育期	干物率 /%	粗蛋白 / 克	粗脂肪 / 克	粗纤维 / 克	无氮浸出物 / 克	粗灰分 / 克	钙 / 克	磷 / 克
开花期	19.3	17.9	6.6	15.5	40.5	19.5	2.41	0.33

生境

植株

幼株

花

菊科

157. 山莴苣

拉丁名 *Lactuca indica* L.

形态特征

山莴苣属，多年生草本。株高 0. 6 ~ 2.0 米。茎单生，直立，上部圆锥状花序分枝，全部茎枝无毛。根粗厚，分枝成萝卜状。中下部茎生叶倒披针形或长椭圆形，规则或不规则 2 回羽状深裂，长达 30 厘米，宽达 17 厘米，无柄；上部的茎生叶渐小，与中下部茎叶同形并等样分裂或不裂而为线形。头状花序多数，在茎枝顶端排成圆锥花序。总苞片 4 ~ 5 层，外层卵形、宽卵形或卵状椭圆形，全部总苞片顶端急尖或钝，边缘或上部边缘染红紫色。舌状小花 21 枚，黄色。瘦果椭圆形，压扁，棕黑色，长 5 毫米，宽 2 毫米，边缘有宽翅。冠毛白色。花果期 7—10 月。

分布与生境

分布于江苏、安徽、浙江、江西、福建、山东等地区。生于山谷、山坡林缘、灌丛、草地及荒地。

营养与饲用价值

可作为畜禽和鱼的优良饲料，嫩茎叶可食用。根性寒、味苦，具有清热解毒、祛风除湿、活血化瘀之效。

山莴苣的营养成分（每 100 克干物质）

生育期	干物率 /%	粗蛋白 / 克	粗脂肪 / 克	粗纤维 / 克	无氮浸出物 / 克	粗灰分 / 克	钙 / 克	磷 / 克
现蕾期	25.0	24.0	5.6	21.2	42.7	6.5	—	—

植株

花序

茎

叶

花

种子

菊科

158. 白蒿

拉丁名 *Leontopodium dedekensii* (Bur. et Franch.) Beauv.

形态特征

火绒草属，多年生草本。株高 40 ～ 80 厘米。茎直立或有膝曲的基部，稍细弱。全株被蛛丝状密毛；腋芽常在花后生长成叶密集的分枝。叶宽或狭线形，长 10 ～ 40 毫米或更长，宽 1.3 ～ 6.5 毫米，基部叶常较宽大、直立，上部叶多少开展或平展，基部叶较宽，心形或箭形，抱茎，边缘波状，平或反卷；叶面被灰色棉状或绢状毛，叶背被白色茸毛，小枝的叶较短，被密茸毛。头状花序 5 ～ 30 个密集，少有单生。小花异形，有少数雌花，或雌雄异株。花冠长约 3 毫米，雄花花冠漏斗状；雌花花冠丝状。冠毛白色，基部稍黄色；不育的子房和瘦果有乳头状突起或短粗毛。花果期 6—8 月。

分布与生境

分布于华东、东北、华北及甘肃、陕西等地区。生于高山和亚高山的针叶林、干燥灌丛、干燥草地，常大片生长。

营养与饲用价值

营养生长期牛、羊喜食。植株含一种倍半萜烯类白蒿宁、白蒿素、洋艾内酯和洋艾素，对金黄匐萄球菌、大肠杆菌等在体外有抑制作用。

白蒿的营养成分（每 100 克干物质）

生育期	干物率 /%	粗蛋白 / 克	粗脂肪 / 克	粗纤维 / 克	无氮浸出物 / 克	粗灰分 / 克	钙 / 克	磷 / 克
开花期	18.3	18.8	4.6	32.8	34.9	8.9	1.23	0.69

植株　叶(正面)　叶(背面)　花　花序

生境

菊科

159. 花叶滇苦菜

拉丁名 *Sonchus asper* (L.) Hill

形态特征

苦苣菜属，一年生草本。株高 20 ～ 50 厘米。茎直立，圆锥状直根，褐色。基生叶与茎生叶同型，但较小；中下部茎叶长椭圆形，包括渐狭的翼柄长 7 ～ 13 厘米，宽 2 ～ 5 厘米，顶端渐尖，基部渐狭成翼柄；上部茎叶披针形，不裂，基部扩大，圆耳状抱茎。下部叶羽状裂，侧裂片 4 ～ 5 对。全部叶及裂片与抱茎的圆耳边缘有尖齿刺，两面光滑无毛，质地薄。头状花序在茎枝顶端排成稠密的伞房花序。总苞宽钟状，长约 1.5 厘米，宽 1 厘米；总苞片 3 ～ 4 层，向内层渐长，覆瓦状排列，绿色草质。舌状小花黄色。瘦果倒披针状，褐色，长 3 毫米，宽 1.1 毫米，压扁。冠毛白色，柔软，彼此纠缠，基部连合成环。花果期 5—10 月。

分布与生境

江苏、安徽、浙江、江西、湖北、四川、云南均有分布。生于山坡、林缘及水边。

营养与饲用价值

猪、禽等喜食，适口性好。是良好的蜜源植物。全草可入药，味苦、性寒，有清热解毒、止血之功效，主治疮疡肿毒、小儿咳喘等。

花叶滇苦菜的营养成分（每 100 克干物质）

生育期	干物率 /%	粗蛋白 / 克	粗脂肪 / 克	粗纤维 / 克	无氮浸出物 / 克	粗灰分 / 克
绿果期	22.9	13.9	2.9	22.7	47.8	12.7

生境

植株

茎

叶

花

果

菊科

160. 苦苣菜

拉丁名 *Sonchus oleraceus* L.

形态特征

苦苣菜属，一年生或越年生草本。株高 40 ～ 150 厘米。茎直立，单生。根圆锥状，垂直直伸，有多数纤维状的须根。基生叶羽状深裂，中下部茎叶长 3 ～ 12 厘米，宽 2 ～ 7 厘米，基部急狭成翼柄，向柄基且逐渐加宽，柄基圆耳状抱茎，顶裂片宽三角形、戟状宽三角形、卵状心形，侧生裂片 1 ～ 5 对，椭圆形，常下弯。头状花序成伞房状或单生茎顶。总苞宽钟状，长 1.5 厘米，宽 1 厘米；全部总苞片顶端长急尖。舌状小花多数，黄色。瘦果褐色，长 3 毫米，宽不足 1 毫米，压扁，冠毛白色。花果期 5—12 月。

分布与生境

在华东各地均有分布。常见于山坡、路边、荒野处。

营养与饲用价值

茎叶柔嫩多汁，稍有苦味，是一种良好的青绿饲料。猪、禽喜食；山羊、绵羊乐食；牛少量采食。茎叶可入药，有清热解毒、凉血止血的功效。

苦苣菜的营养成分（每 100 克干物质）

生育期	干物率 /%	粗蛋白 / 克	粗脂肪 / 克	粗纤维 / 克	无氮浸出物 / 克	粗灰分 / 克	钙 / 克	磷 / 克
开花期	18.4	17.0	3.7	19.8	48.7	10.8	0.95	0.14

生境

叶

植株　茎　熟果

花

菊科

161. 蒲公英

拉丁名 *Taraxacum mongolicum* Hand.-Mazz.

形态特征

蒲公英属，多年生草本。株高 20 ～ 40 厘米。根圆柱状，黑褐色，粗壮。叶披针形，长 4 ～ 20 厘米，宽 1 ～ 5 厘米，先端钝，边缘羽状深裂，顶端裂片较大，三角状戟形，全缘或具齿，每侧裂片 3 ～ 5 片，裂片三角形，通常具齿，裂片间常夹生小齿，基部渐狭成叶柄，叶柄及主脉常带红紫色，疏被蛛丝状白色柔毛。花葶 1 个至数个，与叶近等长，高 10 ～ 25 厘米，上部紫红色，密被蛛丝状白色长柔毛；头状花序直径 30 ～ 40 毫米，花药和柱头暗绿色。瘦果披针形，暗褐色，长 4 ～ 5 毫米，宽 1.0 ～ 1.5 毫米，上部具小刺，下部具成行排列的小瘤，顶端逐渐收缩为长约 1 毫米的圆锥形至圆柱形喙基，喙长 6 ～ 10 毫米，纤细；冠毛白色，长约 6 毫米。花果期 4—10 月。

分布与生境

在华东及南方地区均有分布。生于中海拔和低海拔的山坡草地、路边、田野、河滩。

营养与饲用价值

可作家畜饲料，适口性好。可食用。全草可入药，有清热解毒、消肿散结的功效。

蒲公英的营养成分（每 100 克干物质）

生育期	干物率 /%	粗蛋白 / 克	粗脂肪 / 克	粗纤维 / 克	无氮浸出物 / 克	粗灰分 / 克	钙 / 克	磷 / 克
开花期	17.4	20.1	5.9	24.2	37.2	12.6	0.96	0.16

生境

植株

叶

花

果

菊科

162. 黄鹌菜

拉丁名 *Youngia japonica* (L.) DC.

形态特征

黄鹌菜属，一年生草本。株高 50 ~ 100 厘米。茎直立，基生叶长 2.5 ~ 13.0 厘米，宽 1.0 ~ 4.5 厘米，大叶柄长 1 ~ 7 厘米，侧裂片 3 ~ 7 对，椭圆形，向下渐小，最下方的侧裂片耳状。头状花序含 10 ~ 20 朵舌状小花，花序梗细。总苞圆柱状，长 4 ~ 5 毫米，极少长 3.5 ~ 4.0 毫米；全部总苞片外面无毛。舌状小花黄色，花冠管外面有短柔毛。瘦果纺锤形，压扁，长 1.5 ~ 2.0 毫米，有 11 ~ 13 条粗细不等的纵肋，肋上有小刺毛。冠毛长 2.5 ~ 3.5 毫米，糙毛状。花果期 4—10 月。

分布与生境

江苏、安徽、浙江均有分布。常见于山坡、山谷及山沟林缘、林下、林间草地及潮湿地、河边沼泽地、田间与荒地。

营养与饲用价值

可饲用猪、禽，采食性中等。可入药，具有清热解毒、消肿止痛的功效。

黄鹌菜的营养成分（每 100 克干物质）

生育期	干物率 /%	粗蛋白 / 克	粗脂肪 / 克	粗纤维 / 克	无氮浸出物 / 克	粗灰分 / 克	钙 / 克	磷 / 克
开花期	20.4	12.6	4.4	18.5	54.4	10.1	1.99	0.27

生境

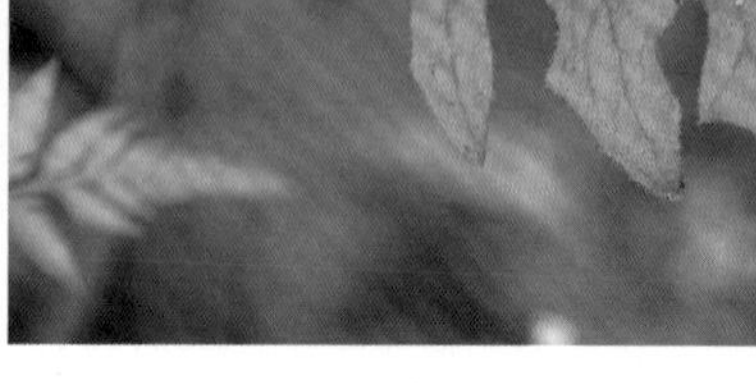

叶

植株

花序

种子

花

藜科

163. 尖头叶藜

拉丁名 *Chenopodium acuminatum* Willd. subsp. acuminatum

形态特征

藜属，一年生草本。株高 20 ～ 80 厘米。茎直立，具条棱及绿色色条，有时色条带紫红色，多分枝；枝斜升，较细瘦。叶片宽卵形至卵形，茎上部的叶片有时呈卵状披针形，长 2 ～ 4 厘米，宽 1 ～ 3 厘米，先端急尖或短渐尖，有短一尖头，基部宽楔形、圆形或近截形，叶面无粉，浅绿色，背面多少有粉，灰白色，全缘并具半透明的环边；叶柄长 1.5 ～ 2.5 厘米。花两性，团伞花序于枝上部排列成紧密的或有间断的穗状或穗状圆锥状花序，花序轴具圆柱状毛束；雄蕊 5 个。胞果顶基扁，圆形或卵形。种子黑色，有光泽，表面略具点纹。花果期 6—9 月。

分布与生境

分布于江苏、浙江、山东、黑龙江、吉林、辽宁、内蒙古、河北、河南、山西等地区。生于山坡荒地、河岸、田边等处。

营养与饲用价值

嫩茎叶可作畜禽饲料，适口性较好。

生境

植株

茎

果

叶

藜科

164. 藜

拉丁名 *Chenopodium album* L.

形态特征

藜属，一年生草本。株高 50 ～ 120 厘米。茎粗壮，有沟纹和绿色条纹，多分枝。叶片长 3 ～ 7 厘米，宽 2 ～ 6 厘米，有长柄；下部叶片菱状三角形，顶端急尖或微钝，边缘有不规则牙齿或浅齿，基部楔形或宽楔形；上部叶片渐小渐狭，顶端尖锐，全缘或稍有牙齿；叶片幼时两面都有粉粒，后期叶面无粉。花簇排成或密或疏的穗状圆锥花序；下部夹生序托叶，常披针形、小、全缘。花小；花被裂片 5 个，宽卵形或椭圆形，背部隆起，黄绿色；雄蕊 5 个；柱头 2 个。胞果光滑，完全包在花被内，果皮有泡状皱纹或近平滑。种子卵圆形，横生，双凸镜状，表面具浅沟纹，黑色。花果期 6—10 月。

分布与生境

我国南北、华东各地区普遍分布。生于路旁、荒地、山坡等。

营养与饲用价值

嫩茎叶可作饲料，适口性好。根含香藜素、甜菜碱等。全草及果实可药用，具有清热祛湿、止泻、止痒的功效。

藜的营养成分（每 100 克干物质）

生育期	干物率 /%	粗蛋白 / 克	粗脂肪 / 克	粗纤维 / 克	无氮浸出物 / 克	粗灰分 / 克	钙 / 克	磷 / 克
营养期	15.5	17.6	2.6	26.4	35.9	17.5	0.23	0.09

生境

叶

植株

茎

花序

花

藜科

165. 灰绿藜

拉丁名 *Chenopodium glaucum* L.

形态特征

藜属，一年生草本。株高 10 ～ 45 厘米。通常从基部分枝，斜上或平卧，具沟槽，有绿色或紫红色条纹。叶片厚，带肉质，椭圆状卵形至披针形，长 2 ～ 4 厘米，宽 5 ～ 20 毫米，顶端急尖或钝，基部渐狭，边缘有缺刻状牙齿，表面绿色，背面灰白色，密被粉粒，中脉明显。花两性；数花成团伞状，花簇排列成短穗状，常短于叶，腋生或顶生；花被裂片 3 ～ 4 个，浅绿色，肥厚，先端钝，无粉；胞果伸出花被片，果皮膜质，黄白色。种子扁圆，暗褐色。花果期 6—10 月。

分布与生境

分布于华东、东北、华北、华中、西北等地区。生于农田、盐碱地、河边等轻度盐碱土上。

营养与饲用价值

幼嫩植株是良好的猪饲料。

灰绿藜的营养成分（每 100 克干物质）

生育期	干物率 /%	粗蛋白 / 克	粗脂肪	粗纤维 / 克	无氮浸出物 / 克	粗灰分 / 克	钙 / 克	磷 / 克
营养期	24.0	23.8	4.1	22.9	38.6	10.6	1.40	0.50

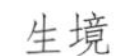

生境

植株

花序

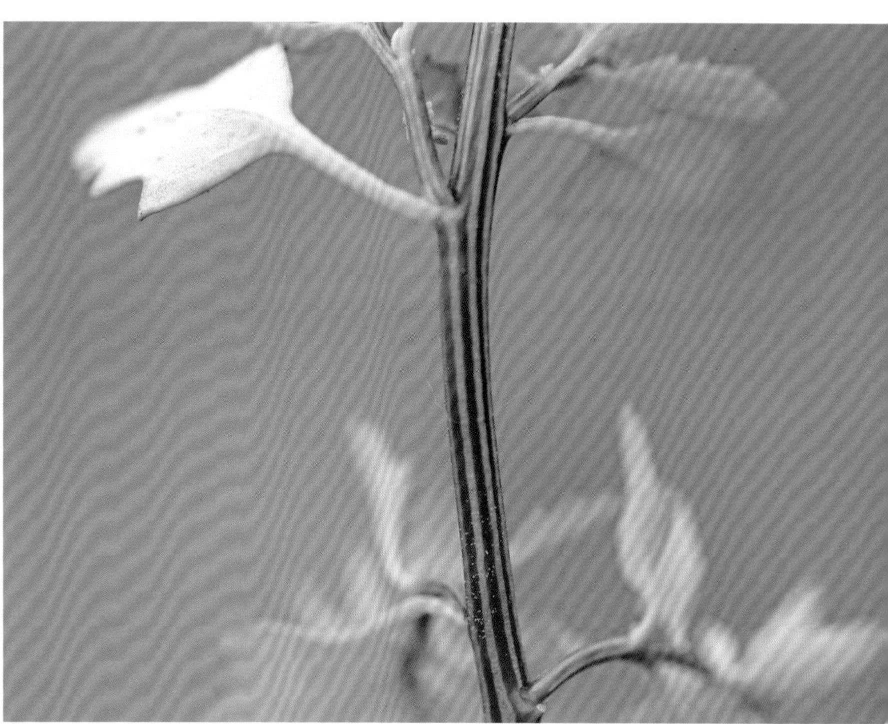

茎

叶背

藜科

166. 小白藜

拉丁名 *Chenopodium iljinii* Golosk.

形态特征

藜属，一年生草本。高 10 ～ 30 厘米。全株有粉。茎通常平卧或斜升，多分枝，有时自基部分枝而无主茎。叶片卵形至卵状三角形，通常长 0.5 ～ 1.5 厘米，宽 0.4 ～ 1.2 厘米，两面均有密粉，呈灰绿色，先端急尖或微钝，基部宽楔形，全缘或 3 浅裂，侧裂片在近基部，钝；叶柄细瘦，长 0.4 ～ 1.0 厘米。花簇于枝端及叶腋的小枝上集成短穗状花序；花被裂片 5 个，较少为 4 个，倒卵状条形至矩圆形，背面有密粉，无隆脊；花药宽椭圆形，花丝稍短于花被；柱头 2 个，丝状，花柱不明显。胞果顶基扁。种子双凸镜形，有时为扁卵形，直径 0.8 ～ 1.2 毫米，黑色，有光泽，表面近平滑或微有沟纹。花果期 8—10 月。

分布与生境

分布于江苏、宁夏、甘肃、四川、青海、新疆等地区。生于河谷阶地、山坡及较干旱的草地。

营养与饲用价值

幼嫩植株可作猪、牛、羊等饲料。

生境

茎　　叶　　花序

植株

藜科

167. 小 藜　拉丁名 *Chenopodium serotinum* L.

形态特征

藜属，一年生草本。株高 20 ~ 60 厘米。分枝具条棱及绿色条纹。叶片长 2 ~ 5 厘米，宽 0.5 ~ 3.0 厘米；下部叶片卵状长圆形，3 浅裂，中裂片较长，两边近平行，边缘有波状齿，近基部的两侧裂片下方通常再 2 浅裂，顶端钝，有小尖头，基部楔形；上部叶片渐小，狭长，有浅齿或近全缘，两面无粉或疏生粉。团伞花簇聚生为腋生或顶生的穗状圆锥花序，有粉粒；花被近球形，5 深裂，裂片背部隆起。胞果全部包在花被内，果皮膜质，有明显的蜂窝状网纹，干后密生白色粉末状干涸小泡。种子扁圆形，双凸镜状，边缘有棱。花果期 6—9 月。

分布与生境

华东各地多有分布。生于荒地、田边、路旁、沟谷、湿地。

营养与饲用价值

植株幼嫩时家畜喜采食。嫩苗可食用。全草可入药，性甘苦，凉。具有祛湿、解毒的功效。

植株

花序

茎

叶

叶

生境

藜科

168. 地 肤

拉丁名 *Kochia scoparia* (L.) Schrad.

形态特征

地肤属，一年生草本。株高 0.5 ～ 1.5 米。基部半木质化，多分枝，分枝与小枝散生或斜升，淡绿色或浅红色，幼株有短柔毛，后变光滑。叶片线状披针形，长 3 ～ 8 厘米，宽 4 ～ 10 毫米，两端均渐狭细，全缘，边缘无毛或有短柔毛；茎上叶渐小无柄。花 1 ～ 2 朵生于叶腋；无柄；花被近球形，淡绿色，5 裂，裂片近三角形，下部联合，结果后，背部各生 1 横翅，翅三角形或倒卵形，膜质，脉不明显，边缘微波状或具缺刻；花柱 2 个，常丝状。胞果扁球形，包在草质花被内。花果期 7—10 月。

分布与生境

分布遍及全国各地。生于荒野、宅边、路旁，偶有栽培。

营养与饲用价值

幼株是优质饲料，并可食用，称为扫帚菜。种子可药用，称为地肤子，具有利水、通淋、除湿热的功效；外用可治疗皮癣及阴囊湿疹。植株成熟时，收割后压扁晒干，可做扫帚用。

地肤的营养成分（每 100 克干物质）

生育期	干物率 /%	粗蛋白 / 克	粗脂肪 / 克	粗纤维 / 克	无氮浸出物 / 克	粗灰分 / 克	钙 / 克	磷 / 克
营养生长期	18.4	17.1	1.9	24.5	42.5	14.0	1.24	0.28

植株

茎

花序

花

叶

藜科

169. 南方碱蓬

拉丁名 *Suaeda australis* (R. Br.) Moq.

形态特征

碱蓬属，多年生小灌木，株高 30 ～ 100 厘米。茎多分枝，下部长生有不定根，灰褐色至淡黄色，通常有明显的残留叶痕。叶条形，半圆柱状，长 1.0 ～ 2.5 厘米，宽 2 ～ 3 毫米，粉绿色或带紫红色，先端急尖或钝，基部渐狭，具关节，劲直或微弯，通常斜伸，枝上部的叶较短，狭卵形至椭圆形，叶面平，背面凸。团伞花序含 1 ～ 5 朵花，腋生；花两性；花被顶基略扁，稍肉质，绿色或带紫红色，5 深裂，裂片卵状矩圆形，无脉；花药宽卵形，长约 0.5 毫米；柱头 2 个，近锥形，不外弯，黄褐色至黑褐色，有乳头突起，花柱不明显。胞果扁，圆形，果皮膜质，易与种子分离。种子双凸镜状，直径约 1 毫米，黑褐色，表面有微点纹。花果期 7—11 月。

分布与生境

分布于江苏、广东、广西、福建、台湾等地区。生于海滩沙地、红树林边缘等处，常成片群生。

营养与饲用价值

嫩鲜时作为饲料，羊采食。

南方碱蓬的营养成分（每 100 克干物质）

生育期	干物率 /%	粗蛋白 / 克	粗脂肪 / 克	粗纤维 / 克	无氮浸出物 / 克	粗灰分 / 克	钙 / 克	磷 / 克
开花期	—	10.6	2.2	39.1	42.1	6.0	—	—

茎

枝条

叶

植株

生境

藜科

170. 碱　蓬

拉丁名 *Suaeda glauca* (Bunge) Bunge

形态特征

碱蓬属，一年生草本。株高 30 ~ 100 厘米。粗壮，上部多细长分枝，斜伸。全株灰绿色。叶片细线形，长 1 ~ 5 厘米，半圆柱状，肉质，光滑，稍向上弯曲，先端微尖，有或无粉粒。花两性；单生或 2 ~ 5 朵花簇生于叶腋的短柄上，呈聚伞花序，常与叶具共同的柄；小苞片 2 个，小，白色，卵形，尖锐；两性花花被杯状；雌花花被近球形，花被 5 深裂，卵状三角形，肥厚，绿色，光滑，内面凹，果期增厚，呈五角星状，干后变。胞果扁球形，顶端露出花被。种子双凸镜形，直径约 2 毫米，黑色，表面有颗粒状点纹。花果期 6—10 月。

分布与生境

分布于华东沿海及东北、西北、华北等地区。生于盐碱地区的渠岸、海堤、盐田或荒野，为盐碱土指示植物。

营养与饲用价值

幼嫩植株适口性好，猪、禽均喜食。幼株可食用。种子含油量约 30 %，油可食用。

碱蓬的营养成分（每 100 克干物质）

生育期	干物率 /%	粗蛋白 / 克	可溶性糖 / 克	中性洗涤纤维 / 克	酸性洗涤纤维 / 克	粗灰分 / 克	钙 / 克	磷 / 克
开花期	13.4	15.1	7.4	38.4	24.3	12.3	—	—

植株

茎

花

果

叶

生境

藜科

171. 盐地碱蓬

拉丁名 *Suaeda salsa* (L.) Pall.

形态特征

碱蓬属，一年生草本。株高 30 ～ 80 厘米。茎黄褐色，晚秋植株变红紫色。叶片线形，长 1 ～ 3 厘米，宽 1 ～ 2 毫米，上部的叶较短。花杂性；无总花梗，常 3 ～ 5 朵花簇生于叶腋，集成间断的穗状花序或团伞状；小苞片短于花被，膜质，白色；花被 5 深裂，半球形，裂片卵形，基部合生，先端钝，果后显著隆起，有时在基部延伸成三角状或狭翅状突起。种子双凸镜形或卵圆形，黑色，有光泽，表面具明显的网纹。花果期 8—10 月。

分布与生境

分布于江苏、浙江。生于海边和盐碱地区的渠岸、荒野和湿地。

营养与饲用价值

可作猪饲料，适口性好。幼苗可作蔬菜，种子油可供食用或作为化工原料。

盐地碱蓬的营养成分（每 100 克干物质）

生育期	干物率 /%	粗蛋白 / 克	粗脂肪 / 克	粗纤维 / 克	无氮浸出物 / 克	粗灰分 / 克	钙 / 克	磷 / 克
开花期	13.4	10.3	2.1	21.2	45.5	20.9	—	—

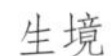
生境

植株

茎

叶

果

蓼科

172. 荞 麦

拉丁名 *Fagopyrum esculentum* Moench

形态特征

荞麦属，一年生草本。株高 30 ～ 90 厘米。茎直立，上部分枝，绿色或红色，具纵棱，无毛或一侧沿纵棱具乳头状突起。叶三角形或卵状三角形，长 2.5 ～ 7.0 厘米，宽 2 ～ 5 厘米，顶端渐尖，基部心形，两面沿叶脉具乳头状突起；下部叶具长叶柄，上部较小近无梗；托叶鞘膜质，短筒状，长约 5 毫米，顶端偏斜，无缘毛，易破裂脱落。花序总状或伞房状，顶生或腋生，花序梗一侧具小突起；苞片卵形，长约 2.5 毫米，绿色，边缘膜质，每苞内具 3 ～ 5 朵花；花梗比苞片长；花被 5 深裂，白色或淡红色，长 3 ～ 4 毫米。瘦果卵形，具 3 锐棱，顶端渐尖，长 5 ～ 6 毫米，暗褐色。花果期 5—10 月。

分布与生境

我国各地均有栽培，有时逸为野生。生于荒地、路边。

营养与饲用价值

茎叶可作家畜饲料。种子淀粉含量高，可食用。是重要的蜜源植物。全草可入药，可治疗高血压、视网膜出血、肺出血。

荞麦的营养成分（每 100 克干物质）

生育期	干物率 /%	粗蛋白 / 克	粗脂肪 / 克	粗纤维 / 克	无氮浸出物 / 克	粗灰分 / 克	钙 / 克	磷 / 克
开花期	—	12.6	2.6	17.2	63.0	4.6	—	—

生境

植株

叶

花

蓼科

173. 长柄野荞麦

拉丁名 *Fagopyrum statice* (Lévl.) H. Gross

形态特征

荞麦属，多年生草本。株高 40 ～ 50 厘米。根粗壮，木质化。茎直立，自基部分枝，具细纵棱，无毛，茎、枝上部无叶；叶宽卵形或三角形，长 2 ～ 3 厘米，宽 1.5 ～ 2.5 厘米，顶端急尖，基部宽心形或近截形，两面无毛，叶柄长可达 4 厘米；托叶鞘膜质、偏斜，顶端急尖，无缘毛。总状花序呈穗状，由数个总状花序再组成大型、稀疏的圆锥状花序；苞片漏斗状，每苞内具 2 ～ 3 朵花；花被 5 深裂；花被片椭圆形，长 1.0 ～ 1.5 毫米；雄蕊 8 个，与花被近等长。瘦果卵形，具 3 棱，长 2.0 ～ 2.5 毫米，有光泽。花果期 7—10 月。

分布与生境

分布于江苏、浙江、贵州、云南等地区。生于中海拔山坡草地。

营养与饲用价值

植株幼嫩时可作家畜饲料。

生境

植株

蓼科

174. 萹 蓄

拉丁名 *Polygonum aviculare* L.

形态特征

萹蓄属，一年生草本。株高 10 ～ 40 厘米。自基部多分枝，具纵棱。叶狭椭圆形，长 1 ～ 4 厘米，宽 3 ～ 12 毫米，基部楔形，全缘，两面无毛，下面侧脉明显；叶柄基部具关节；托叶鞘膜质，下部褐色，上部白色，撕裂脉明显。花腋生；苞片薄膜质；花梗细，顶部具关节；花被 5 深裂，花被片椭圆形，长 2.0 ～ 2.5 毫米，绿色，边缘白色或淡红色；雄蕊 8 个，花柱 3 个。瘦果卵形，具 3 棱，长 2.5 ～ 3.0 毫米，黑褐色，密被由小点组成的细条纹，无光泽，与宿存花被近等长。花期 5—7 月，果期 5—8 月。

分布与生境

全国各地均有分布。生于田边路、沟边湿地。

营养与饲用价值

适口性好，猪、禽喜食。嫩叶可食用。可入药，具有通经利尿、清热解毒的功效。

萹蓄的营养成分（每 100 克干物质）

生育期	干物率 /%	粗蛋白 / 克	粗脂肪 / 克	粗纤维 / 克	无氮浸出物 / 克	粗灰分 / 克	钙 / 克	磷 / 克
开花期	19.8	16.7	2.3	29.7	40.9	10.4	1.23	0.13

生境

植株

茎

叶

花

蓼科

175. 长箭叶蓼

拉丁名 *Polygonum hastatosagittatum* Makino

形态特征

蓼属，一年生草本。株高 40 ～ 90 厘米；茎直立或下部近平卧，分枝，具纵棱，沿棱具倒生短皮刺，皮刺长 0.3 ～ 1.0 毫米。叶披针形或椭圆形，长 3 ～ 7 厘米，宽 1 ～ 2 厘米，顶端急尖或近渐尖，基部箭形或近戟形，叶面无毛或被短柔毛，有时被短星状毛，背面有时被短星状毛，沿脉中脉具倒生皮刺，边缘具短缘毛；叶柄长 1.0 ～ 2.5 厘米，具倒生皮刺；托叶鞘筒状，膜质，长 1.5 ～ 2.0 厘米，顶端截形，具长缘毛。总状花序短穗状，长 1.0 ～ 1.5 厘米，顶生或腋生，花序梗二歧状分枝，密被短柔毛及腺毛；花梗长 4 ～ 6 毫米，密被腺毛；花被 5 深裂，淡红色；瘦果卵形，具 3 棱，深褐色，包于宿存花被内。花果期 8—10 月。

分布与生境

分布于华东、华中、华南、西南、东北及华北部分地区。生于水边、沟边湿地。

营养与饲用价值

营养生长期可作家畜的饲料，适口性中等。

植株

叶

花

茎

花序

生境

蓼科

176. 水 蓼

拉丁名 *Polygonum hydropiper* L.

形态特征

蓼属，一年生草本。株高 40 ～ 70 厘米。茎直立，多分枝，无毛，节部膨大。叶披针形或椭圆状披针形，长 4 ～ 8 厘米，顶端渐尖，基部楔形，边缘全缘，具缘毛，两面无毛，被褐色小点，有时沿中脉具短硬伏毛，具辛辣味，叶腋具闭花受精花；叶柄长 4 ～ 8 毫米；托叶鞘筒状，膜质，褐色，长 1.0 ～ 1.5 厘米，疏生短硬伏毛，通常托叶鞘内藏有花簇。总状花序呈穗状，顶生或腋生，长 3 ～ 8 厘米，通常下垂，花稀疏，下部间断；苞片漏斗状，绿色，边缘膜质，疏生短缘毛，每苞内具 3 ～ 5 朵花；花梗比苞片长；花被 5 深裂，稀 4 裂，绿色，上部白色或淡红色，被黄褐色透明腺点；花被片椭圆形，长 3.0 ～ 3.5 毫米。瘦果卵形，长 2 ～ 3 毫米，双凸镜状或具 3 棱，密被小点，黑褐色。花果期 5—10 月。

分布与生境

分布于我国南北各地区。生于河滩、水沟边、山谷湿地。

营养与饲用价值

有辣味，家畜不采食。全草可入药，具有消肿解毒、利尿、止痢的作用。可用作调味剂。

植株

茎

叶

花序

花

生境

蓼科

177. 蚕茧草

拉丁名 *Polygonum japonicum* Meisn.

形态特征

蓼属，多年生草本。株高 50 ~ 100 厘米。茎直立，淡红色，无毛，有时具稀疏的短硬伏毛，节部膨大；根状茎横走。叶披针形，近薄革质，坚硬，长 7 ~ 15 厘米，宽 1 ~ 2 厘米，顶端渐尖，基部楔形，全缘，两面疏生短硬伏毛，中脉上毛较密，边缘具刺状缘毛；叶柄短或近无柄；托叶鞘筒状，膜质，长 1.5 ~ 2.0 厘米，具硬伏毛，顶端截形，缘毛长 1.0 ~ 1.2 厘米。总状花序呈穗状，长 6 ~ 12 厘米，顶生，通常数个再集成圆锥状；苞片漏斗状，绿色，上部淡红色，具缘毛，每苞内具 3 ~ 6 朵花；花梗长 2.5 ~ 4.0 毫米；雌雄异株，花被 5 深裂，白色或淡红色，雄蕊 8 个，雄蕊比花被长。瘦果卵形，具 3 棱或双凸镜状，长 2.5 毫米，黑色，包于宿存花被内。花果期 8—11 月。

分布与生境

分布于江苏、浙江、安徽、江西、湖南、湖北、四川、贵州、福建、台湾、广东、广西、云南、山东、河南、陕西及西藏等地区。生于路边湿地、水边及山谷草地。

营养与饲用价值

早春幼嫩茎叶对猪、禽适口性较好。全草可入药，具有散寒、活血、止痢等功效。

蚕茧草的营养成分（每 100 克干物质）

生育期	干物率 /%	粗蛋白 / 克	粗脂肪 / 克	粗纤维 / 克	无氮浸出物 / 克	粗灰分 / 克	钙 / 克	磷 / 克
现蕾期	23.0	18.9	2.1	27.4	43.5	8.1	0.48	0.41

植株

茎

花

叶

生境

蓼科

178. 酸模叶蓼

拉丁名 *Polygonum lapathifolium* L.

形态特征

蓼属，一年生草本。株高 40 ~ 90 厘米。茎直立，具分枝，无毛，节部膨大。叶披针形，长 5 ~ 15 厘米，顶端渐尖，常有一个大的黑褐色新月形斑点，两面沿中脉被短硬伏毛，全缘，边缘具粗缘毛；叶柄短，具短硬伏毛；托叶鞘筒状，长 1.5 ~ 3.0 厘米，膜质，淡褐色，无毛，具多数脉，顶端截形，无缘毛，稀具短缘毛。总状花序呈穗状，近直立，花紧密，通常由数个花穗再组成圆锥状，花序梗被腺体；苞片漏斗状，边缘具稀疏短缘毛；花被淡红色或白色，4 ~ 5 深裂，花被片椭圆形。瘦果宽卵形，双凹，长 2 ~ 3 毫米，黑褐色，包于宿存花被内。花果期 6—9 月。

分布与生境

分布于我国南北各省区。生于田边、路旁、水边、荒地或沟边湿地。

营养与饲用价值

植株幼嫩时可作猪、禽等的饲料。全草可入药，味辛，性温，具有利湿解毒、散瘀消肿、止痒的功效。

酸模叶蓼的营养成分（每 100 克干物质）

生育期	干物率 /%	粗蛋白 / 克	粗脂肪 / 克	粗纤维 / 克	无氮浸出物 / 克	粗灰分 / 克	钙 / 克	磷 / 克
开花期	24.8	12.5	2.7	19.8	55.8	9.2	3.16	0.27

植株

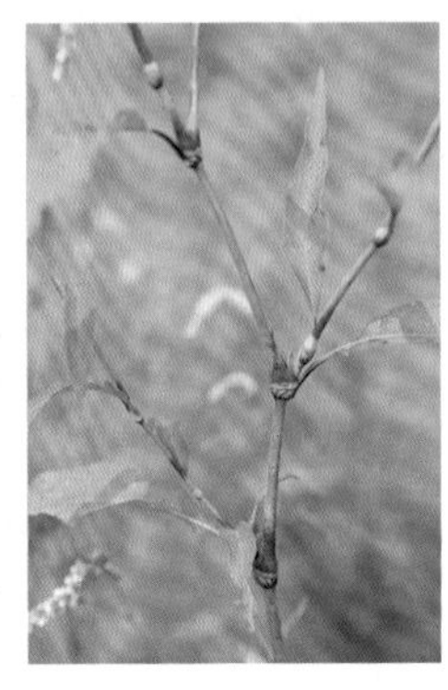

茎

叶

花序

蓼科

179. 绵毛酸模叶蓼

拉丁名 *Polygonum lapathifolium* L. var. *salicifolium* Sihbth.

形态特征

蓼属，一年生草本。株高 50 ～ 150 厘米。茎直立，上部分枝粉红色，无毛，节部膨大。茎、托叶鞘、花序梗和苞片有时被绵毛。叶卵圆形，狭卵状披针形，大小变化较大，叶背面密生白色绵毛，顶端渐尖，叶面绿色，常有黑褐色新月形斑点，叶背有腺点，两面沿主脉和叶缘有伏生的粗硬毛；叶柄短，有短硬伏毛；托叶鞘筒状，无毛，淡褐色，顶端截形。花序的花簇紧密，数个花穗构成圆锥花序状；花序梗被腺体；苞片斜漏斗状，膜质，边缘疏生短睫毛；花被粉红色或白色，具有黄色腺点，4 深裂，外侧 2 片较大。瘦果卵形，扁平，两面微凹，黑褐色。花果期 6—10 月。

分布与生境

分布于全国各地。生于路旁湿地、荒地、水边和沟边。

营养与饲用价值

嫩茎叶可作家畜的饲料。全草可药用，具有清热解毒、利尿止痒的功效。

绵毛酸模叶蓼的营养成分（每 100 克干物质）

生育期	干物率 /%	粗蛋白 / 克	粗脂肪 / 克	粗纤维 / 克	无氮浸出物 / 克	粗灰分 / 克	钙 / 克	磷 / 克
开花期	25.9	7.6	3.3	25.7	53.4	10.0	2.67	0.24

生境

植株

茎

叶

花序

蓼科

180. 红 蓼

拉丁名 *Polygonum orientale* L.

形态特征

蓼属，一年生草本。株高 1 ～ 2 米。茎直立，粗壮，上部多分枝。全株密生长柔毛。叶片卵形，长 10 ～ 20 厘米，宽 6 ～ 12 厘米，两面疏生短柔毛，叶脉被长柔毛；有长柄 2 ～ 10 厘米；托叶鞘筒状，膜质，被长柔毛，顶端有草质反卷的环状边，茎上部托叶鞘无环边。花序穗状，粗壮，长 2 ～ 8 厘米，花紧密，不间断；花较大，两型，长花柱而短雄蕊或短花柱而长雄蕊，花被淡红色或白色。瘦果近圆形，扁平，黑色。花果期 7—10 月。

分布与生境

除西藏外，全国各地均有分布。生于山谷或路边阴湿草地，成片生长。

营养与饲用价值

嫩茎叶可作饲料，家畜适口性差。花序大而鲜艳，有观赏价值，花期可作蜜源植物。全草可入药，具有祛风除湿、清热解毒和活血的功效；果实可入药，名为水红花子，具有活血止痛、消积利尿、明目的功效。

红蓼的营养成分（每 100 克干物质）

生育期	干物率 /%	粗蛋白 / 克	粗脂肪 / 克	粗纤维 / 克	无氮浸出物 / 克	粗灰分 / 克	钙 / 克	磷 / 克
营养期	19.0	14.9	4.0	19.5	48.8	12.8	3.38	0.52

生境

植株

茎

叶

花

蓼科

181. 刺 蓼

拉丁名 *Polygonum senticosum* (Meisn.) Franch. et Sav.

形态特征

蓼属，一年生攀援草本。长 1.0 ～ 1.5 米。多分枝，被短柔毛，四棱形，沿棱具倒生皮刺。叶片三角形，长 4 ～ 8 厘米，宽 2 ～ 7 厘米，顶端急尖或渐尖，基部戟形，两面被短柔毛，下面沿叶脉具稀疏的倒生皮刺，边缘具缘毛；叶柄粗壮，长 2 ～ 7 厘米，具倒生皮刺；托叶鞘筒状，边缘具叶状翅，草质，绿色，具短缘毛。花序头状，顶生或腋生，花序梗分枝，密被短腺毛；苞片长卵形，淡绿色，具短缘毛，每苞内具花 2 ～ 3 朵；花梗粗壮，比苞片短；花被片椭圆形，长 3 ～ 4 毫米，花被 5 深裂，淡红色；瘦果近球形，微具 3 棱，黑褐色，长 2.5 ～ 3.0 毫米。花果期 6—9 月。

分布与生境

分布于江苏、浙江、安徽、山东、湖南、湖北、台湾、福建等地区。生于山坡、山谷及林下草地。

营养与饲用价值

牛、羊不采食。全草可入药，具有解毒消肿、利湿止痒的功效。

植株　茎　叶　花序

花

生境

蓼科

182. 香蓼

拉丁名 *Polygonum viscosum* Buch.-Ham. ex D. Don

形态特征

蓼属，一年生草本。株高 50 ～ 90 厘米。植株具香味。茎直立或上升，多分枝，密被开展的长糙硬毛及腺毛，叶卵状披针形，长 5 ～ 15 厘米，顶端渐尖或急尖，基部楔形，两面被糙硬毛，叶脉上毛较密，全缘，密生短缘毛；托叶鞘膜质，筒状，长 1.0 ～ 1.2 厘米，密生短腺毛及长糙硬毛。总状花序呈穗状，顶生或腋生，长 2 ～ 4 厘米，花紧密，通常数个再组成圆锥状，花序梗密被开展的长糙硬毛及腺毛；苞片漏斗状，具长糙硬毛及腺毛，边缘疏生长缘毛，每苞内具 3 ～ 5 朵花；花梗比苞片长；花被 5 深裂，淡红色，花被片椭圆形。瘦果宽卵形，具 3 棱，黑褐色，长约 2.5 毫米，包于宿存花被内。花果期 7—10 月。

分布与生境

分布于华东、东北、西北、华中、华南等地区。生于路旁湿地、沟边草丛。

营养与饲用价值

幼嫩植株可作家畜的粗饲料。全草可入药，具有理气除湿、健胃消食的功效。

生境

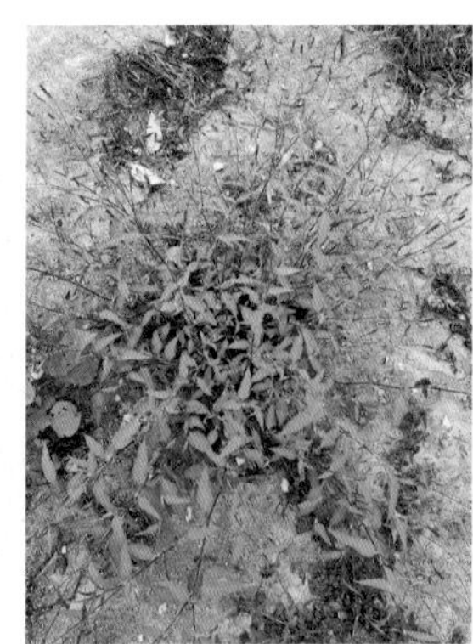
植株

茎

叶

花序

蓼科

183. 羊 蹄

拉丁名 *Rumex japonicus* Houtt.

形态特征

酸模属，多年生草本。株高 50 ～ 100 厘米。茎直立，上部分枝具沟槽。基生叶长圆形或披针状长圆形，长 8 ～ 25 厘米，宽 3 ～ 10 厘米，顶端急尖，基部圆形或心形， 边缘微波状，下面沿叶脉具小突起；茎上部叶狭长圆形；叶柄长 2 ～ 12 厘米；托叶鞘膜质，易破裂。花序圆锥状，花两性，多花轮生；花梗细长，中下部具关节；花被片 6 个，淡绿色，外花被片椭圆形，长 1.5 ～ 2.0 毫米，内花被片果时增大，宽心形，长 4 ～ 5 毫米，顶端渐尖，基部心形，网脉明显，边缘具不整齐的小齿，齿长 0.3 ～ 0.5 毫米，全部具小瘤。瘦果宽卵形，具 3 锐棱，长约 2.5 毫米，两端尖，暗褐色。花果期 5—7 月。

分布与生境

分布于华东、东北、华北、西北、华中、华南等地区。生于田边路旁、河滩、沟边湿地。

营养与饲用价值

早春可作为猪、禽等饲料，适口性中等；过量摄入会引起草酸中毒，引起低钙血症。根可入药，具有清热凉血的功效。

羊蹄的营养成分（每 100 克干物质）

生育期	干物率 /%	粗蛋白 / 克	粗脂肪 / 克	粗纤维 / 克	无氮浸出物 / 克	粗灰分 / 克	钙 / 克	磷 / 克
营养期	15.6	7.6	2.9	27.9	50.0	11.6	—	—

生境

植株

花序

种子

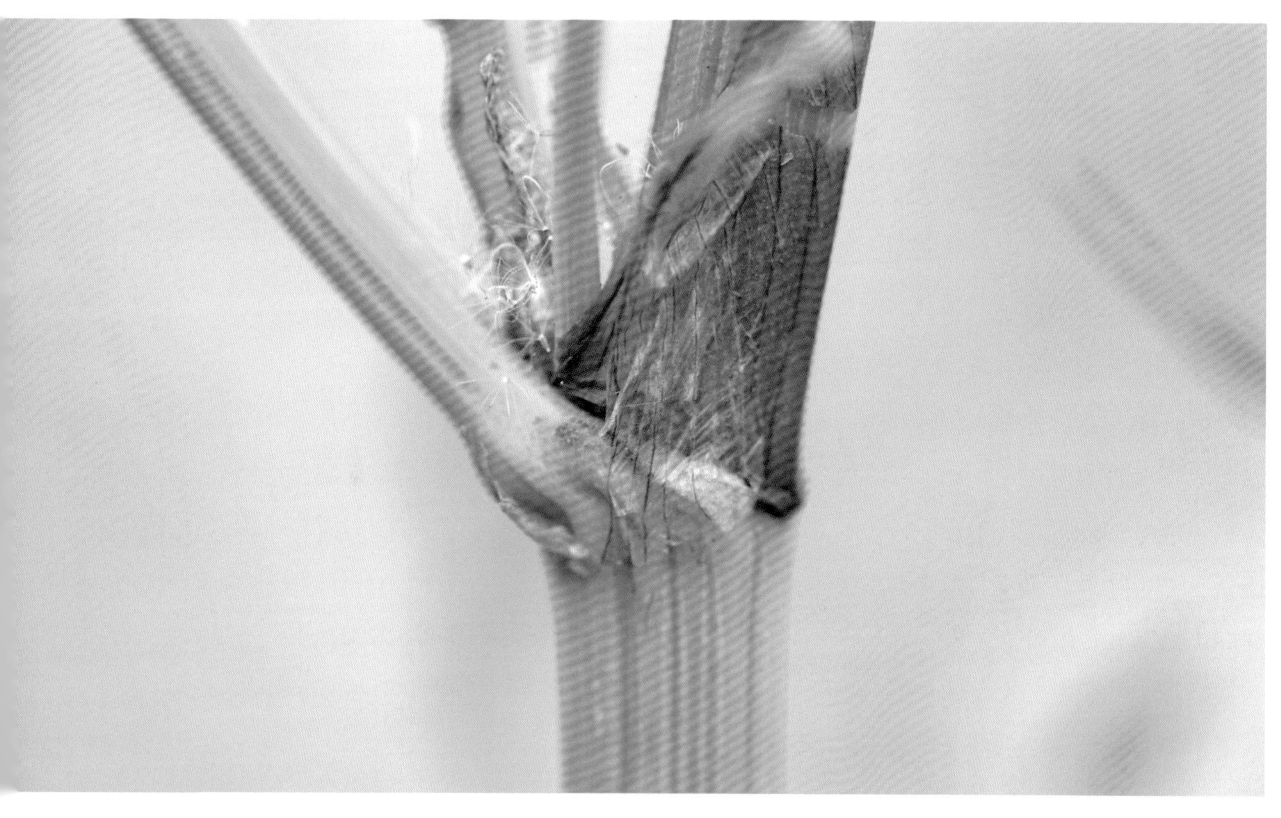

茎

叶

蓼科

184. 齿果酸模

拉丁名 *Rumex dentatus* L.

形态特征

酸模属，多年生草本。株高 30 ~ 80 厘米。茎直立，自基部起多分枝。基生叶和下部叶的叶片宽披针形或长圆形，长 4 ~ 12 厘米，宽 1.5 ~ 4.0 厘米，顶端钝或急尖，基部圆形或截形，边缘全缘或浅波状，叶柄长 2.0 ~ 2.5 厘米，疏生短毛；茎生叶向上渐小，具短柄；托叶鞘膜质，筒状。多花轮生于叶腋，在枝上排成总状花序状，全株呈大型圆锥花序状；花柄中下部有关节；花被黄绿色，内轮花被结果时增大，长卵形，长 4 ~ 5 毫米，有明显网纹，每侧边缘常有不整齐的针刺状齿 4 ~ 5 个，背部有瘤状突起。瘦果卵形，黄褐色。花果期 5—7 月。

分布与生境

分布于华东、华北、华中、西北、西南等地区。多生于沟边路旁的潮湿地带。

营养与饲用价值

嫩茎叶可作饲料。根、全草或叶可入药，具有凉血、解毒、通便、杀虫等功效。

齿果酸模的营养成分（每 100 克干物质）

生育期	干物率 /%	粗蛋白 / 克	粗脂肪 / 克	粗纤维 / 克	无氮浸出物 / 克	粗灰分 / 克	钙 / 克	磷 / 克
开花期	21.0	7.6	2.9	29.9	48.6	11.0	—	—

植株

茎

叶

花序

花

生境

藜科

185. 盐角草

拉丁名 *Salicornia europaea* L.

形态特征

盐角草属，一年生草本，高 10 ～ 35 厘米。茎直立，多分枝；枝肉质，暗绿色。叶不发育，鳞片状，长约 1.5 毫米，顶端锐尖，基部连合成鞘状，边缘膜质。花序穗状，长 1 ～ 5 厘米，有短柄；花腋生，每 1 苞片内有 3 朵花，集成 1 簇，陷入花序轴内，中间的花较大，位于上部，两侧的花较小，位于下部；花被肉质，倒圆锥状，上部扁平成菱形；雄蕊伸出于花被之外；子房卵形；柱头 2 个，钻状，有乳头状小突起。果皮膜质；种子长圆卵形，种皮近革质，有钩状刺毛，直径约 1.5 毫米。花果期 6—8 月。

分布与生境

分布于江苏、山东、辽宁、河北、山西、陕西、宁夏和甘肃等地区。生于盐碱地、盐湖旁及海边。

营养与饲用价值

放牧时牛、羊等不采食。干草营养丰富，可用作畜禽的添加料。籽实含油量高，可作为生物柴油原料利用。盐角草是最耐盐的陆生高等植物，可广泛用于盐碱地的综合改良。

植株

叶

果

生境

十字花科

186. 芥 菜

拉丁名 *Brassica juncea* (L.) Czern.

形态特征

芸薹属，一年生草本。株高 30 ～ 150 厘米。常无毛，有时幼茎及叶具刺毛，带粉霜，有辣味。茎直立，有分枝。基生叶较小而窄狭，长圆形或倒卵形，叶缘有缺刻和明显锯齿，有明显的短柄，叶面稍皱缩；茎下部叶较小，边缘有缺刻或齿，不抱茎；茎上部叶窄披针形，长 2.5 ～ 5.0 厘米，宽 4 ～ 9 毫米，边缘具不明显疏齿或全缘。总状花序顶生，花后延长；花黄色，直径 7 ～ 10 毫米；花梗长 4 ～ 9 毫米；花瓣倒卵形，长 8 ～ 10 毫米。长角果线形，长 3.0 ～ 5.5 厘米，宽 2.0 ～ 3.5 毫米；果梗长 5 ～ 15 毫米。种子球形，直径约 1 毫米，紫褐色。花果期 3—6 月。

分布与生境

江苏、安徽、浙江均有分布。多生于路沟边、山坡及荒野。有人工栽培。

营养与饲用价值

家畜采食性中等。种子含油量高，可榨油，可食用。

芥菜的营养成分（每 100 克干物质）

生育期	干物率 /%	粗蛋白 / 克	粗脂肪 / 克	粗纤维 / 克	无氮浸出物 / 克	粗灰分 / 克	钙 / 克	磷 / 克
开花期	18.2	22.5	4.1	14.3	46.7	12.4	0.12	0.04

植株

茎

果

叶

花

十字花科

187. 荠

拉丁名 *Capsella bursa-pastoris* (L.) Medik.

形态特征

荠属，一年生或越年生草本。株高 15 ～ 40 厘米。全株有单毛、2 ～ 3 叉状毛或星状毛。茎直立，单一或分枝。莲座状基生叶，平铺地面，叶片大头状羽裂、深裂或不整齐羽裂。茎生叶：互生，叶片披针形，基部箭形，抱茎。总状花序，长达 20 厘米；花小；萼片长卵形；花瓣卵形，白色，较萼片稍长，有短爪。短角果倒三角状心形，熟时开裂。种子细小，长椭圆形，淡褐色。花期多在 3—4 月，果实渐次成熟，秋季也可开花结果。

分布与生境

广泛分布于华东地区。多生于田间、路沟边、山坡及旷野。有少量人工栽培。

营养与饲用价值

适口性好，可作家畜饲料。为辅助蜜源。嫩苗可作蔬菜，味鲜、清香。带花全草可入药，具有凉血、止血、降压、明目、利尿、消炎的功效，根煎水服可治结膜炎。

荠的营养成分（每 100 克干物质）

生育期	干物率 /%	粗蛋白 / 克	粗脂肪 / 克	粗纤维 / 克	无氮浸出物 / 克	粗灰分 / 克	钙 / 克	磷 / 克
盛花期	21.4	9.7	1.2	23.5	55.2	10.4	1.85	0.15

生境

植株

叶

花序

十字花科

188. 诸葛菜

拉丁名 *Orychophragmus violaceus* (L.) O. E. Schulz

形态特征

诸葛菜属，一年生或越年生草本。株高 20 ～ 50 厘米。茎直立，有分枝。叶形变化大。基生叶的叶片心形、肾形或近圆形，长 2 ～ 10 厘米，边缘具粗圆齿，叶面有毛或无毛，有长叶柄；下部茎生叶叶片大头状羽裂，顶生裂片大，圆形或卵形，侧生裂片小，1 ～ 3 对，长圆形，全缘或有牙齿状缺刻；上部茎生叶的叶片长圆形或狭卵形，顶端短尖，基部抱茎，边缘有不整齐的牙齿。萼片淡紫色，线状披针形，顶部有稀疏柔毛；花瓣淡紫色、红紫色或白色，长卵形，有密的细脉纹。长角果线形，长 5 ～ 10 厘米，直或微弧弯，果瓣中脉明显，四棱状。种子卵形黑褐色。花果期 3—5 月。

分布与生境

华东地区均有分布。逸生于山坡或山谷的林缘、林下及灌丛，以及平原的路边、空地。

营养与饲用价值

抽薹前适口性好，可作家畜饲料。嫩茎叶可食用。种植于林下、林缘，作观赏用。

生境

果

花

叶

茎

植株

十字花科

189. 风花菜

拉丁名 *Rorippa globosa* (Turcz.) Hayek

形态特征

蔊菜属，一年生或越年生草本。株高 20 ～ 80 厘米。植株被白色硬毛。茎直立，基部木质化，下部被白色长毛，上部近无毛分枝或不分枝。茎下部叶具柄，上部叶无柄，叶片长圆形至倒卵状披针形。长 5 ～ 15 厘米，宽 1.0 ～ 2.5 厘米，基部渐狭，下延成短耳状而半抱茎，边缘具不整齐粗齿，两面被疏毛，尤以叶脉为显。总状花序，圆锥花序式排列。花小，黄色，具细梗，长 4 ～ 5 毫米；花瓣 4 片，倒卵形，与萼片等长或稍短，基部渐狭成短爪；雄蕊 6 枚。短角果实近球形，径约 2 毫米，果瓣隆起，平滑无毛，有不明显网纹，顶端具宿存短花柱；果梗纤细，长 4 ～ 6 毫米。种子淡褐色，极细小，扁卵形。花果期 4—9 月。

分布与生境

分布于江苏、浙江、安徽、山东、湖北、湖南、江西、广东、广西、云南等地区。生于河岸、湿地、路旁、沟边或草丛中。

营养与饲用价值

适口性好，可作猪、禽饲料。全草可入药，具有清热利尿、解毒的功效。

风花菜的营养成分（每 100 克干物质）

生育期	干物率 /%	粗蛋白 / 克	粗脂肪 / 克	粗纤维 / 克	无氮浸出物 / 克	粗灰分 / 克	钙 / 克	磷 / 克
开花期	—	15.6	3.6	24.3	49.0	7.5	1.46	0.29

生境

植株

茎

叶

花

果

十字花科

190. 蔊　菜

拉丁名 *Rorippa indica* (L.) Hiern

形态特征

蔊菜属，一年生或二年生草本。株高 30 ～ 50 厘米。茎直立，粗壮，无毛或具疏毛。茎单一或分枝，表面具纵沟。叶互生，基生叶及茎下部叶具长柄，叶形多变化，通常大头羽状分裂，长 4 ～ 10 厘米，宽 1.5 ～ 2.5 厘米，顶端裂片大，卵状披针形，边缘具不整齐牙齿，侧裂片 1 ～ 5 对；茎上部叶片宽披针形或匙形，边缘具疏齿，具短柄或基部耳状抱茎。总状花序顶生或侧生，花小，多数，具细花梗；花瓣 4 片，黄色，匙形，基部渐狭成短爪，与萼片近等长。长角果线状圆柱形，短而粗，长 1 ～ 2 厘米，宽 1.0 ～ 1.5 毫米，直立或稍内弯，成熟时果瓣隆起；果梗纤细，长 3 ～ 5 毫米。种子细小，卵圆形而扁，一端微凹，表面褐色，具细网纹。花果期 4—8 月。

分布与生境

分布于江苏、浙江、山东、河南、福建、台湾等地区。生于路旁、田边、河边及山坡等较潮湿处。

营养与饲用价值

猪、禽等适口性较好。全草可入药，内服时具有解表健胃、止咳化痰、平喘、清热解毒、散热消肿等功效。

蔊菜的营养成分（每 100 克干物质）

生育期	干物率 /%	粗蛋白 / 克	粗脂肪 / 克	粗纤维 / 克	无氮浸出物 / 克	粗灰分 / 克	钙 / 克	磷 / 克
营养期	19.5	11.5	3.6	25.9	48.7	10.3	2.95	0.52

茎

叶

花

花序

植株

莎草科

191. 青绿薹草

拉丁名 *Carex breviculmis* R. Br.

形态特征

薹草属，多年生草本。株高 15 ~ 40 厘米。根状茎短，茎丛生，纤细，三棱形，上部稍粗糙，基部叶鞘淡褐色，撕裂成纤维状。叶短于茎，平张，边缘粗糙，质硬。小穗 2 ~ 5 个，顶生小穗雄性，长圆形，长 1.0 ~ 1.5 厘米，近无柄；侧生小穗雌性，长圆形或卵形，长 0.6 ~ 1.5 厘米，具稍密生的花，无柄或最下部的具长 2 ~ 3 毫米的短柄。果囊近等长于鳞片，倒卵形，钝三棱形，长 2.0 ~ 2.5 毫米，膜质，淡绿色，具多条脉，上部密被短柔毛。小坚果紧包于果囊中，卵形，长约 1.8 毫米，栗色。花果期 3—6 月。

分布与生境

分布于江苏、安徽、浙江、江西、福建等地区。生于山坡草地、路边、山谷沟边。

营养与饲用价值

全株可作牛、羊等家畜的饲料。四季常青，耐修剪、耐践踏，可作为城镇常绿草坪和花坛的植物。

青绿薹草的营养成分（每 100 克干物质）

生育期	干物率 /%	粗蛋白 / 克	粗脂肪 / 克	粗纤维 / 克	无氮浸出物 / 克	粗灰分 / 克	钙 / 克	磷 / 克
营养生长期	—	13.6	2.8	23.4	48.3	11.9	—	—

生境

植株

叶　　　　穗

花

莎草科

192. 镜子薹草

拉丁名 *Carex phacota* Spreng

形态特征

薹草属，多年生草本。株高 20 ～ 75 厘米。 根状茎短。茎丛生，锐三棱形，基部具淡黄褐色或深黄褐色的叶鞘，细裂成网状。叶平张，边缘反卷。小穗 3 ～ 5 个，接近顶端 1 个雄性，稀少顶部有少数雌花，线状圆柱形，长 4.5 ～ 6.5 厘米，具柄；侧生小穗雌性，稀少顶部有少数雄花，长圆柱形，长 2.5 ～ 6.5 厘米，密花；小穗柄纤细，向上渐短，略粗糙，下垂。雌花鳞片长圆形，长约 2 毫米（芒除外），顶端截形或凹，具粗糙芒尖，中间淡绿色，两侧苍白色，具锈色点线。果囊长于鳞片，宽卵形或椭圆形，长 2.5 ～ 3.0 毫米，双凸状，密生乳头状突起，暗棕色。小坚果稍松地包于果囊中，近圆形或宽卵形，长 1.5 毫米，褐色。花果期 3—5 月。

分布与生境

分布于江苏、安徽、浙江、江西、福建、山东、台湾、湖南、广东、海南、广西、四川、贵州、云南。生于沟边草丛中、水边和路旁潮湿处。

营养与饲用价值

幼嫩植株可作牛、羊饲料，适口性较好。

镜子薹草的营养成分（每 100 克干物质）

生育期	干物率 /%	粗蛋白 / 克	可溶性糖 / 克	中性洗涤纤维 / 克	酸性洗涤纤维 / 克	粗灰分 / 克	体外消化率 /%
开花期	18.7	8.4	8.7	46.3	32.9	12.5	67.3

生境

穗

植株

叶

莎草科

193. 短叶茳芏

拉丁名 *Cyperus malaccensis* Lam.

形态特征

莎草属，一年生草本。株高 80 ～ 100 厘米。匍匐根状茎长，木质，锐三稜形。叶片短或有时极短，宽 3 ～ 8 毫米，平张；叶鞘长，包裹着茎的下部，棕色。长侧枝聚伞花序复出，具 6 ～ 10 个伞梗，伞梗长达 9 厘米；穗状花序松散，具 5 ～ 10 个小穗；小穗极展开，线形，长 5 ～ 25 毫米，宽约 1.5 毫米，具 10 ～ 42 朵花；小穗轴具狭的透明的边；雄蕊 3 个，花药线形，红色药隔突出于花药顶端。小坚果狭长圆形，几与鳞片等长，成熟时黑褐色。花果期 6—11 月。

分布与生境

分布于江苏、福建、广东、广西、四川等地区。多生长于河旁、沟边、近水处。

营养与饲用价值

改良盐碱地的优良草种，茎可编席用。

植株

叶

花

荨麻科

194. 苎　麻

拉丁名 *Boehmeria nivea* (L.) Gaudich.

形态特征

苎麻属，多年生灌木，株高 1 ～ 2 米。茎、花序和叶柄密生开展的长硬毛和近开展的贴伏的短糙毛。叶互生；叶片草质，宽卵形或近圆形，长 6 ～ 15 厘米，宽 4 ～ 11 厘米，顶端骤尖，基部近截形或宽楔形，叶面粗糙，叶背密生交织的白色柔毛；叶柄长 2.5 ～ 10.0 厘米；托叶分生，钻状披针形。雌雄同株；团伞花序集成圆锥状，雌花序位于雄花序之上；雄团伞花序直径 1 ～ 3 毫米，有少数雄花；雌团伞花序直径 0.5 ～ 2.0 毫米，有多数密集的雌花。雄花花被片 4 个，狭椭圆形；雄蕊 4 个；退化雌蕊狭倒卵球形，顶端有短柱头。雌花花被管状，顶端有 2 ～ 3 小齿，被细毛。瘦果椭圆形，长约 1.5 毫米。花果期 7—10 月。

分布与生境

华东长江以南各地均有野生，生于山谷林边或草坡。长江以南地区及甘肃、陕西、河南南部广泛栽培。

营养与饲用价值

嫩茎叶可作饲料。根可药用，具有止血、散瘀、解毒、安胎等功效。茎纤维可供纺织用。

苎麻的营养成分（每 100 克干物质）

生育期	干物率 /%	粗蛋白 / 克	粗脂肪 / 克	粗纤维 / 克	无氮浸出物 / 克	粗灰分 / 克	钙 / 克	磷 / 克
开花期	19.7	17.6	2.6	21.7	39.5	18.6	2.21	0.98

生境

植株

花序

叶面

叶背

茎

苋科

195. 空心莲子草

拉丁名 *Alternanthera philoxeroides* (Mart.) Griseb.

形态特征

莲子草属，多年生草本。茎匍匐，上部上升，长达1.2米，具分枝，幼茎及叶腋被白色或锈色柔毛，老时无毛；叶长圆形、长圆状倒卵形或倒卵状披针形，长2.5～5.0厘米，先端尖或圆钝，具短尖，基部渐窄，全缘，两面无毛或叶面被平伏毛，背面具颗粒状突起；叶柄长0.3～1.0厘米；头状花序具花序梗，单生叶腋，白色花被片长圆形，花丝基部连成杯状。花果期5—6月。

分布与生境

分布于长江以南各地区。生于沟边、田埂、池沼、水沟内等潮湿处。

营养与饲用价值

可作家畜的饲料，适口性中等。嫩茎叶可食用。全草可入药。

空心莲子草的营养成分（每100克干物质）

生育期	干物率/%	粗蛋白/克	粗脂肪/克	粗纤维/克	无氮浸出物/克	粗灰分/克	钙/克	磷/克
开花期	11.3	26.2	3.3	16.6	44.9	9.0	1.5	0.43

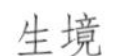
生境

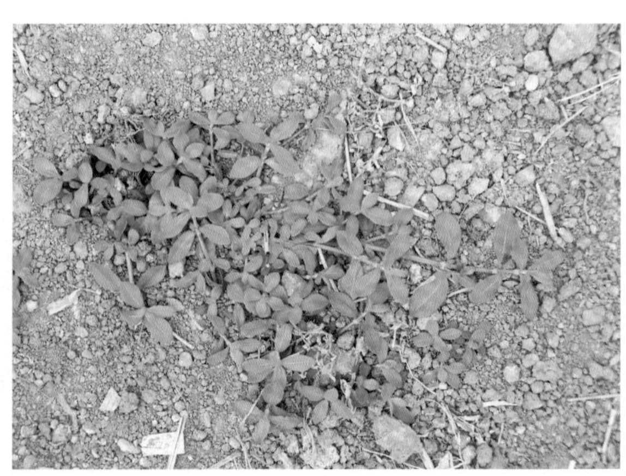

植株

叶

茎

花

苋科

196. 凹头苋

拉丁名 *Amaranthus blitum* L.

形态特征

苋属，一年生草本。株高 30 厘米。茎通常伏卧上升，自基部分枝。叶片卵形或菱形，长 2 ～ 5 厘米，宽 1 ～ 4 厘米，先端 2 裂或微缺，基部阔楔形，边缘全缘或稍呈波状；叶柄长 1 ～ 4 厘米。花单性或杂性；簇生于叶腋，或排列成顶生穗状花序或圆锥花序；苞片和小苞片长圆形，长小于 1 毫米；花被片 3 个，长圆形或披针形，长 1.2 ～ 1.5 毫米，先端急尖；雄蕊 3 个，较花被片短。胞果扁卵形，近平滑，长于宿存花被片，不裂，有 3 棱脊；种子近球形，黑色或黑褐色。花果期 6—10 月。

分布与生境

分布于华东各地。生于田野、路旁、村宅附近。

营养与饲用价值

适口性好，可作猪、禽的饲料。嫩茎叶可食。全草可入药，具有缓和止痛、收敛、利尿、解热的作用；种子有明目、利大便和小便、去寒热的功效；鲜根有清热解毒的作用。

凹头苋的营养成分（每 100 克干物质）

生育期	干物率 /%	粗蛋白 / 克	粗脂肪 / 克	粗纤维 / 克	无氮浸出物 / 克	粗灰分 / 克	钙 / 克	磷 / 克
初花期	18.3	29.9	4.5	19.9	35.6	10.1	1.44	0.31

生境

花序

叶

茎

植株

苋科

197. 反枝苋

拉丁名 *Amaranthus retroflexus* L.

形态特征

苋属，一年生草本。株高 80 ～ 150 厘米。茎直立，有分枝，具纵棱，被短柔毛。叶片菱状卵形或椭圆状卵形，长 4 ～ 12 厘米，宽 2 ～ 6 厘米，先端钝或微凹，具小凸尖，基部楔形，边缘全缘或具波状齿，两面和边缘有柔毛，脉上毛较密；叶柄长 1 ～ 5 厘米，被柔毛。花单性；顶生或腋生圆锥花序，由多数穗状花序组成。顶生花序较侧生者长；苞片和小苞片钻形或披针形，长 4 ～ 6 毫米，先端针刺状；花被片 5 个，长圆形或长圆状倒卵形，长约 2 毫米，具凸尖；雄蕊 5 个，比花被片稍长；柱头 2 ～ 3 个。胞果扁圆形，盖裂，包于宿存花被片内。种子近球形，直径约 1 毫米，黑色，有光泽。花果期 6—10 月。

分布与生境

分布于华东、东北、华北、西北 (除青海外) 等地区。生于荒野、田间。

营养与饲用价值

适口性好，是畜禽的优质粗饲料。嫩茎叶可食用。全草可入药，能治疗腹泻、痢疾等病症。

反枝苋的营养成分（每 100 克干物质）

生育期	干物率 /%	粗蛋白 / 克	粗脂肪 / 克	粗纤维 / 克	无氮浸出物 / 克	粗灰分 / 克	钙 / 克	磷 / 克
开花期	14.7	14.1	1.1	22.0	51.0	11.8	—	—

叶

茎

生境

植株

花序

苋科

198. 刺 苋

拉丁名 *Amaranthus spinosus* L.

形态特征

苋属，一年生草本。株高 30 ～ 100 厘米。茎直立，多分枝，有时带红色，下部光滑，上部近无毛。叶片菱状卵形或卵状披针形，长 3 ～ 12 厘米，宽 1 ～ 5 厘米，先端圆钝，有微凸尖，基部楔形；叶柄长 1 ～ 8 厘米，基部两侧各具刺 1 枚。雌花簇生于叶腋；雄花排列成顶生的圆锥花序；苞片和小苞片狭披针形或尖刺状，长约 1.5 毫米；花被片 5 个，先端急尖或渐尖，边缘透明，中脉绿色或紫色；柱头 2 ～ 3 个，长约 1 毫米。胞果长圆形，盖裂。种子近球形，黑色或棕黑色。花果期 7—11 月。

分布与生境

分布于华东各地，以及华中、华南、西南及西北等地区。多生于旷野或园地。

营养与饲用价值

适口性好，是牛、羊等畜禽的优质青饲料。全草入药，有清热解毒、散血消肿的功效。

刺苋的营养成分（每 100 克干物质）

生育期	干物率 /%	粗蛋白 / 克	粗脂肪 / 克	粗纤维 / 克	无氮浸出物 / 克	粗灰分 / 克	钙 / 克	磷 / 克
现蕾期	17.2	21.8	4.1	22.9	34.1	17.1	0.31	0.03

株

花序

花刺

叶

茎

苋科

199. 皱果苋

拉丁名 *Amaranthus viridis* L.

形态特征

苋属，一年生草本。株高 40 ～ 80 厘米。茎直立。叶片卵形或长圆形，长 3 ～ 9 厘米，宽 2 ～ 6 厘米，先端微凹，稀圆钝，具短尖，基部阔楔形或近截平，边缘全缘或微波状；叶柄长 2 ～ 6 厘米。花小，排列成腋生穗状花序，或再组成大的顶生圆锥花序；苞片和小苞片倒卵状披针形，长小于 1 毫米，干膜质；花被片 3 个，膜质，长圆形或倒披针形；雄蕊 3 个，比花被片短；柱头 2 个或 3 个，短小。胞果扁圆形，长约 2 毫米，果皮具皱纹，长于宿存花被片，不裂。种子扁圆形，直径约 1 毫米，黑色或黑褐色。花果期 6—11 月。

分布与生境

分布于华东各地。生于山野、路旁。

营养与饲用价值

茎、叶适口性好，可作家畜饲料。全草可入药，具有清热解毒、利尿、止痛、明目、收敛止泻之效；根可用于治痢疾。

皱果苋的营养成分（每 100 克干物质）

生育期	干物率 /%	粗蛋白 / 克	粗脂肪 / 克	粗纤维 / 克	无氮浸出物 / 克	粗灰分 / 克	钙 / 克	磷 / 克
开花期	22.0	14.2	9.9	33.9	32.1	9.9	—	—

植株

茎

叶

花序

生境

苋科

200. 青葙

拉丁名 *Celosia argentea* L.

形态特征

青葙属，一年生草本。株高 60 ~ 100 厘米。全株无毛。茎直立，有分枝，有明显条纹。叶互生，叶片披针形，长 4 ~ 10 厘米，宽 1 ~ 4 厘米，先端急尖或渐尖，全缘，基部渐狭；叶柄长 0.2 ~ 1.0 厘米，或无叶柄。通常排列成顶生的塔状或圆柱状穗状花序，长 2 ~ 11 厘米；花初开时淡红色，后变白色；花柱 1 个，柱头 2 浅裂。胞果球形，长约 3 毫米，包裹在花被片内，盖裂。种子扁圆形，黑色，有光泽。花果期 6—10 月。

分布与生境

分布于全国各地。生于田间、山坡、荒地上。

营养与饲用价值

全株可作饲料。全草可药用，可治疗疥疮；种子可入药，具有清肝火、明目、杀虫的功效。幼苗可作野菜。

青葙的营养成分（每 100 克干物质）

生育期	干物率 /%	粗蛋白 / 克	粗脂肪 / 克	粗纤维 / 克	无氮浸出物 / 克	粗灰分 / 克	钙 / 克	磷 / 克
营养生长期	14.8	20.5	2.7	17.1	43.0	16.7	1.03	0.89

生境

植株

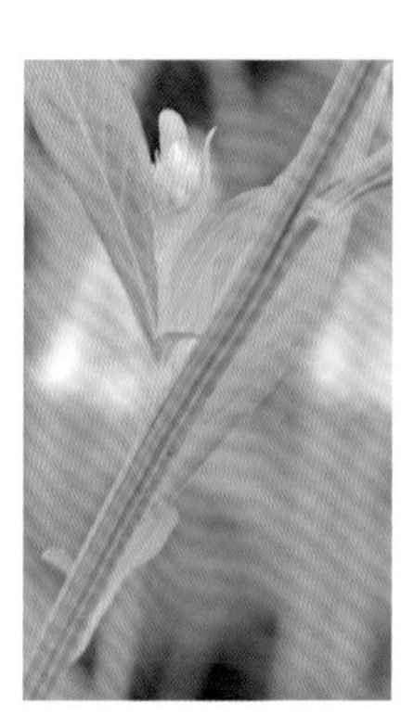
茎

叶

花

花序

马齿苋科

201. 马齿苋

拉丁名 *Portulaca oleracea* L.

形态特征

马齿苋属，一年生草本。植株肉质，无毛。茎多分枝，平卧或斜伸，伏地铺散，淡绿色或带紫色。叶互生，有时对生；叶片肥厚，楔状长圆形或倒卵形，似马齿状，长 10 ～ 25 毫米，宽 5 ～ 15 毫米，先端圆钝或截形，基部楔形，全缘，叶面绿，叶背带紫红色。花无柄，3 ～ 5 朵簇生于枝顶，午时盛放；苞片 2 ～ 6 个，膜质，叶状，近轮生；花瓣黄色，长 4 ～ 5 毫米，上部 5 深裂，裂片倒卵状长圆形，顶端凹；雄蕊 8 ～ 12 个；花柱顶端 4 ～ 5 裂，线形，超出雄蕊。蒴果卵球形，盖裂。种子多数细小，扁圆，黑色，表面有小疣状突起。花果期 5—9 月。

分布与生境

华东各地极为常见，为田间、路旁常见杂草。我国除高原地区外，各地都有分布。

营养与饲用价值

适口性中等，可作猪、禽等家畜的饲料。可作蔬菜食用。全草可入药，具有清热解毒、消炎利尿的功效；种子具有明目的作用。

马齿苋的营养成分（每 100 克干物质）

生育期	干物率 /%	粗蛋白 / 克	粗脂肪 / 克	粗纤维 / 克	无氮浸出物 / 克	粗灰分 / 克	钙 / 克	磷 / 克
开花期	18.2	21.8	4.2	25.0	36.5	12.5	0.16	0.05

植株

茎

叶

果

花

牻牛儿苗科

202. 野老鹳草

拉丁名 *Geranium carolinianum* L.

形态特征

老鹳草属，一年生草本。株高 10 ～ 70 厘米。茎直立或仰卧，具棱槽，密被倒向短柔毛。基生叶早枯；茎生叶互生或最上部对生；茎下部叶具长柄，被倒向短柔毛；叶片圆肾形，长 2 ～ 3 厘米，宽 4 ～ 6 厘米，基部心形，掌状 5 或 7 裂至近基部，裂片楔状倒卵圆形或菱形，下部楔形，全缘，上部 3 或 5 裂，小裂片条状矩圆形，先端急尖，表面被短伏毛，背面沿脉被短伏毛。花序长于叶，花序梗具 2 朵花，顶生花序梗常数个集生；花瓣淡紫红色或白色，稍长于萼片，先端圆形，基部宽楔形。蒴果长约 2 厘米，被毛。花果期 4—8 月。

分布与生境

分布于华东各地。生于山坡平原、荒地、路边的杂草丛中。

营养与饲用价值

幼嫩植株可作家畜饲料。全草可入药，具有祛风通络、收敛止泻的功效；民间用来治疗菌痢和腹泻。全草含挥发油。

野老鹳草的营养成分（每 100 克干物质）

生育期	干物率 /%	粗蛋白 / 克	粗脂肪 / 克	粗纤维 / 克	无氮浸出物 / 克	粗灰分 / 克	钙 / 克	磷 / 克
开花期	19.7	11.2	1.7	30.6	50.1	6.4	0.96	0.21

生境

植株

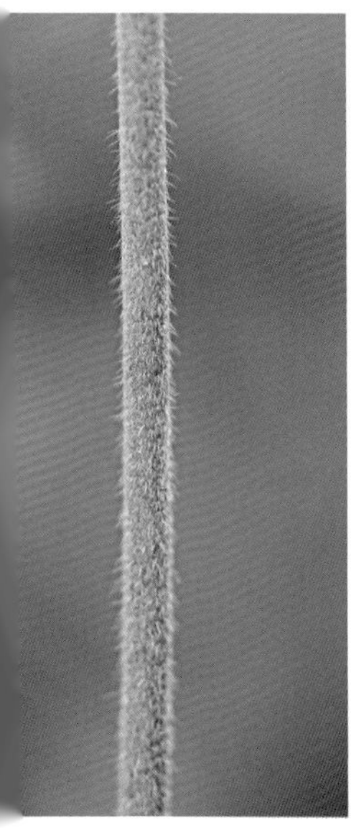

茎

叶

果

花

大戟科

203. 铁苋菜

拉丁名 *Acalypha australis* L.

形态特征

铁苋菜属，一年生草本。株高 20 ～ 50 厘米。叶长卵圆形、近菱状卵圆形或阔披针形，长 3 ～ 9 厘米，宽 1 ～ 5 厘米，顶端短渐尖，基部楔形，圆钝，边缘具圆锯齿，叶面无毛，叶背沿中脉具柔毛，基出脉 3 条；托叶披针形。雌、雄花同序，花序腋生；雄花生于花序上部，排列成穗状或头状，苞片卵形，苞腋具雄花 5 ～ 7 朵，簇生；雌花苞片 1 或 2 枚，卵状心形，花后增大，边缘具三角形齿，外面沿脉具疏柔毛，苞腋具雌花 1 ～ 3 朵。花柄无。雄花蕾期近球形，雌花长卵圆形；子房具疏毛，花柱 3 个。蒴果直径 4 毫米，具 3 个分果爿。种子近卵球状，种皮平滑，假种阜细长。花果期 4—12 月。

分布与生境

华东各地均有分布。生于平原或山坡较湿润的耕地、空旷草地或疏林下。

营养与饲用价值

幼嫩时可作家畜的饲料。全草具有清热解毒、收敛止血的功效；外用治疗痈疖疮疡、皮炎湿疹。

铁苋菜的营养成分（每 100 克干物质）

生育期	干物率 /%	粗蛋白 / 克	粗脂肪 / 克	粗纤维 / 克	无氮浸出物 / 克	粗灰分 / 克	钙 / 克	磷 / 克
开花期	18.4	17.5	4.8	29.5	31.3	16.9	—	—

花序

花

植株

茎

叶

生境

伞形科

204. 蛇 床

拉丁名 *Cnidium monnieri* (L.) Cuss.

形态特征

蛇床属，一年生草本。高 10 ～ 60 厘米。根圆锥状，较细长。茎直立或斜上，多分枝，中空，表面具深条棱，粗糙。下部叶具短柄，叶鞘短宽，边缘膜质，上部叶柄全部鞘状；叶片轮廓卵形至三角状卵形，长 3 ～ 8 厘米，宽 2 ～ 5 厘米，2 ～ 3 回羽状全裂，羽片轮廓卵形至卵状披针形，长 1 ～ 3 厘米，宽 0.5 ～ 1.0 厘米，先端常略呈尾状，末回裂片线形至线状披针形，长 3 ～ 10 毫米，宽 1.0 ～ 1.5 毫米，具小尖头，边缘及脉上粗糙。复伞形花序直径 2 ～ 3 厘米，小伞形花序具花 15 ～ 20 朵，萼齿无；花瓣白色。分生果长圆状，长 1.5 ～ 3.0 毫米。花果期 4—10 月。

分布与生境

分布于华东、西南、西北、华北、东北等地区。生于田边、路旁、草地及河边湿地。

营养与饲用价值

果实可入药，具有燥湿、杀虫止痒、壮阳之效。

生境

叶

茎

花

果

伞形科

205. 细叶旱芹

拉丁名 *Cyclospermum leptophyllum* (Persoon) Sprague ex Britton & P. Wilson

形态特征

芹属，一年生草本。株高 25 ~ 45 厘米。茎多分枝，光滑。根生叶有柄，柄长 2 ~ 5 厘米，基部边缘略扩大成膜质叶鞘；叶片轮廓呈长圆形至长圆状卵形，长 2 ~ 10 厘米，宽 2 ~ 8 厘米，3 ~ 4 回羽状多裂，裂片线形至丝状；茎生叶通常三出式羽状多裂，裂片线形，长 10 ~ 15 毫米。复伞形花序顶生或腋生，通常无梗，无总苞片和小总苞片；伞辐 2 ~ 3 厘米，长 1 ~ 2 厘米，无毛；小伞形花序有花 5 ~ 23 朵，花柄不等长；无萼齿；花瓣白色、绿白色或略带粉红色，卵圆形，长约 0.8 毫米，顶端内折；果实心脏形或卵形，长和宽均为 1.5 ~ 2.0 毫米。花果期 5—7 月。

分布与生境

分布于江苏、福建、台湾、广东等地区。生于杂草地及水沟边。

营养与饲用价值

幼苗含铁量较高，可作家畜的饲料，也可作春季野菜。

植株

茎

叶

花序

果

伞形科

206. 野胡萝卜

拉丁名 *Daucus carota* L.

形态特征

胡萝卜属，越年生草本。株高 15 ～ 120 厘米。主根细，有分枝，稍肉质化，常白色或棕色。茎单生，有倒生糙硬毛。基生叶片长圆状，2 ～ 3 回羽状多裂，末回裂片条形或披针形，长 2 ～ 15 毫米，宽 0.8 ～ 4.0 毫米，顶端尖锐，有小凸头，光滑或有糙硬毛，叶柄长 3 ～ 12 厘米，有鞘；茎生叶近无柄，有叶鞘，末回裂片常细长。伞梗长 10 ～ 55 厘米，有倒糙硬毛；总苞片叶状，羽状分裂，边缘膜质，有茸毛，裂片细长条形或长条形，长 3 ～ 30 毫米，反曲。花瓣白色、黄色或淡红色。果实长圆球状，长 3 ～ 4 毫米。花期果 5—7 月。

分布与生境

分布于华东各地。生于田边、路旁、旷野草丛中。

营养与饲用价值

茎、叶及种子均可作为饲料。果实对蚜虫有毒杀作用。

野胡萝卜的营养成分（每 100 克干物质）

生育期	干物率 /%	粗蛋白 / 克	粗脂肪 / 克	粗纤维 / 克	无氮浸出物 / 克	粗灰分 / 克	钙 / 克	磷 / 克
成熟期	20.3	12.4	3.6	25.2	49.3	9.5	—	—

生境

植株

茎

果

叶

花

白花丹科

207. 二色补血草

拉丁名 *Limonium bicolor* (Bunge) Kuntze

形态特征

补血草属，多年生草本。株高 20 ～ 50 厘米，全株（除萼外）无毛。叶基生，叶匙形至长圆状匙形，长 3 ～ 15 厘米，宽 0.5 ～ 3.0 厘米。圆锥花序；花茎单生，或 2 ～ 5 枚由不同的叶丛中生出，通常有 3 ～ 4 个棱角，有时具沟槽；穗状花序有柄至无柄，排列在花序分枝的上部至顶端，由 3 ～ 9 个小穗组成；小穗含 2 ～ 5 朵花；外苞长圆状宽卵形，长 2.5 ～ 3.5 毫米；萼漏斗状，长 6 ～ 7 毫米，全部或下半部沿脉密被长毛，萼檐初时淡紫红或粉红色，后来变白；花冠黄色。花果期 6—10 月。

分布与生境

分布于东北、黄河流域各地和江苏北部。主要生于平原地区，也见于山坡下部、丘陵和海滨，喜生在沿海潮湿盐土或沙土。

营养与饲用价值

营养生长期适口性好，可作家畜的饲料。根或全草可入药，具有收敛、止血、利水的功效。

二色补血草的营养成分（每 100 克干物质）

生育期	干物率 /%	粗蛋白 / 克	粗脂肪 / 克	粗纤维 / 克	无氮浸出物 / 克	粗灰分 / 克	钙 / 克	磷 / 克
开花期	17.5	12.6	2.4	31.9	41.2	11.9	—	—

生境

植株

叶

花

唇形科

208. 活血丹

拉丁名 *Glechoma longituba* (Nakai) Kupr.

形态特征

活血丹属，多年生草本。株高 10 ～ 30 厘米。茎四棱形，基部通常呈淡紫红色，几无毛，幼嫩部分被疏长柔毛；具匍匐茎，上升，逐节生根。基部叶较小，叶片心形或近肾形，叶柄长为叶片的 1 ～ 2 倍；上部叶较大，叶片心形，长 1.8 ～ 2.6 厘米，宽 2 ～ 3 厘米，叶缘具圆齿，叶面被疏粗伏毛或微柔毛，叶脉不明显，叶背常带紫色，被疏柔毛或长硬毛，叶柄长为叶片的 1.5 倍，被长柔毛。轮伞花序通常具花 2 朵，稀具 4 ～ 6 朵花；花冠淡蓝、蓝至紫色，下唇具深色斑点，冠筒直立，上部渐膨大成钟形，有长筒与短筒两型，长筒者长 1.7 ～ 2.2 厘米，短筒者通常藏于花萼内，长 1.0 ～ 1.4 厘米，外面多少被长柔毛及微柔毛，内面仅下唇喉部被疏柔毛或几无毛，冠檐二唇形。成熟小坚果深褐色，长圆状卵形，长约 1.5 毫米。花果期 4—6 月。

分布与生境

全国除青海、甘肃、新疆及西藏外的各地均有分布。生于林缘、疏林下、草地中、溪边等阴湿处。

营养与饲用价值

茎、叶或全草可入药，治膀胱或尿路结石有效，外敷可治跌打损伤、骨折、外伤出血等。

植株

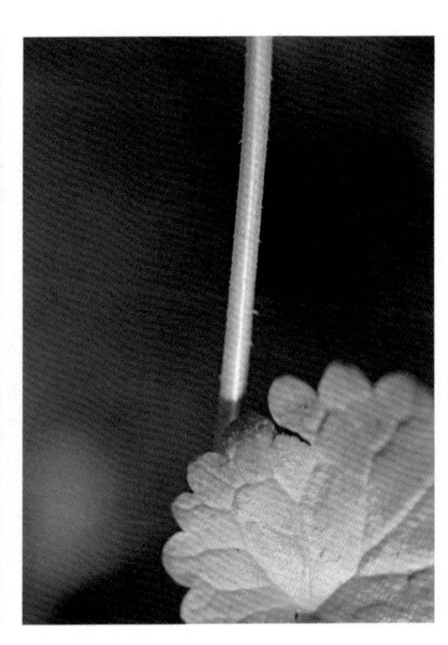

茎

叶

花

唇形科

209. 宝盖草

拉丁名 *Lamium amplexicaule* L.

形态特征

野芝麻属一年生草本。株高 10 ～ 30 厘米。基部多分枝，茎四棱形，具浅槽，常为深蓝色，几乎无毛，中空。茎下部叶具长柄，柄与叶片等长或超之，上部叶无柄，叶片均圆形或肾形，长 1 ～ 2 厘米，宽 0.7 ～ 1.5 厘米，先端圆，基部截形或截状阔楔形，半抱茎，边缘具极深的圆齿，顶部的齿通常较其余的为大，叶面暗橄榄绿色，背面稍淡，两面均疏生小糙伏毛。轮伞花序 6 ～ 10 朵花；花冠紫红或粉红色，长 1.7 厘米，冠筒细长，长约 1.3 厘米。雄蕊花丝无毛，花药被长硬毛。花柱丝状，先端不等 2 浅裂。小坚果倒卵圆形，具三棱，长约 2 毫米，淡灰黄色，被白色小瘤。花果期 4—8 月。

分布与生境

分布于江苏、安徽、浙江、福建、湖南、湖北、河南、陕西、甘肃、青海、新疆、四川、贵州、云南及西藏等地区。生于路旁、林缘、沼泽草地等。

营养与饲用价值

牛和羊可采食其嫩茎、叶。全草可入药，具有清热利湿、活血祛风、消肿解毒的功效。

植株

花

花

茎

花序

唇形科

210. 益母草

拉丁名 *Leonurus japonicus* Houtt.

形态特征

益母草属，一年生或越年生草本。株高 30 ～ 120 厘米。主根密生须根。茎有倒生的糙伏毛。茎下部的叶片纸质，卵形，掌状 3 全裂，中裂片有 3 小裂，两侧裂片有 1 或 2 小裂；花序上的叶片线形或披针形，全缘或有少数牙齿，最小裂片宽 3 毫米以上。轮伞花序腋生；苞片针形，等于或短于花萼，有细毛。花萼钟状，长 7 ～ 10 毫米，外有毛，齿 5 个，前 2 齿靠合；花冠淡红、紫红或白色，长 12 ～ 13 毫米，筒内有毛环，上唇外面有毛、全缘；下唇 3 裂，中裂片倒心形。小坚果三棱状，长 2.5 毫米，淡褐色，光滑。花果期 6—10 月。

分布与生境

华东各地常见。生于路边、荒地。

营养与饲用价值

幼嫩时可作家畜的饲料。全草可入药，具有活血、祛瘀、调经的功效，为妇科良药；种子名叫茺蔚，可利尿及治眼疾。

益母草的营养成分（每 100 克干物质）

生育期	干物率 /%	粗蛋白 / 克	粗脂肪 / 克	粗纤维 / 克	无氮浸出物 / 克	粗灰分 / 克	钙 / 克	磷 / 克
营养生长期	18.3	21.1	4.6	14.8	44.6	14.9	1.76	0.54

植株

茎

叶

花序

花

生境

唇形科

211. 紫 苏

拉丁名 *Perilla frutescens* (L.) Britt.

形态特征

紫苏属，一年生草本。株高 0.3 ～ 2.0 米。茎绿色或紫色，钝四棱形，具四槽，密被长柔毛。叶阔卵形或圆形，长 7 ～ 13 厘米，边缘在基部以上有粗锯齿，两面绿色或紫色，或仅下面紫色，叶面被疏柔毛，背面被贴生柔毛，色稍淡；叶柄长 3 ～ 5 厘米，背腹扁平，密被长柔毛。轮伞花序 2 个，组成长 1.5 ～ 15.0 厘米、密被长柔毛、偏向一侧的顶生及腋生总状花序；苞片宽卵圆形或近圆形，长宽约 4 毫米，先端具短尖，外被红褐色腺点，无毛，边缘膜质；花梗长 1.5 毫米，密被柔毛。花萼钟形。花冠白色至紫红色。小坚果近球形，灰褐色。花果期 8—12 月。

分布与生境

分布于浙江、江苏、山西、河北、湖北、江西、福建、台湾、广东、广西、云南、贵州及四川等地区。生于山地路旁、村边荒地，或栽培于舍旁。

营养与饲用价值

可作家畜的饲料或饲料添加剂。嫩叶可食用。可入药，用于治疗感冒风寒、胸闷、呕恶等病症。紫苏籽油富含 α - 亚麻酸，具保健作用。

紫苏的营养成分（每 100 克干物质）

生育期	干物率 /%	粗蛋白 / 克	粗脂肪 / 克	粗纤维 / 克	无氮浸出物 / 克	粗灰分 / 克	钙 / 克	磷 / 克
开花期	28.7	9.1	2.5	33.4	45.3	9.7	—	—

生境

植株

叶

花序

花

茄科

212. 枸　杞

拉丁名 *Lycium chinense* Miller

形态特征

枸杞属，多年生灌木，株高 0.5 ～ 1.0 米。枝条细弱，弓状弯曲或俯垂，淡灰色，有纵条纹，短枝顶端棘刺长 0.5 ～ 2.0 厘米，生叶和花处的棘刺较长。单叶互生或 2 ～ 4 枚簇生，卵形、卵状菱形、卵状披针形，长 1.5 ～ 5.0 厘米。花在长枝上单生或双生于叶腋，在短枝上则同叶簇生；花梗长 1 ～ 2 厘米，向顶端渐增粗。花冠漏斗状，长 9 ～ 12 毫米，淡紫色。浆果红色，卵状，顶端尖或钝，长 7 ～ 15 毫米。种子扁肾形，黄色。花果期 6—11 月。

分布与生境

分布于我国华东、华中、西南、华南地区。生于山坡、荒地、丘陵地、盐碱地等。

营养与饲用价值

茎、叶营养丰富，可作家畜的饲料，适口性好。嫩叶可作蔬菜。根皮有解热止咳的效用。种子油可食用。

枸杞的营养成分（每 100 克干物质）

生育期	干物率 /%	粗蛋白 / 克	粗脂肪 / 克	粗纤维 / 克	无氮浸出物 / 克	粗灰分 / 克	钙 / 克	磷 / 克
营养生长期	—	18.6	1.2	25.5	38.2	16.5	2.2	0.4

生境

植株

茎

果实

幼株

茄科

213. 龙葵

拉丁名 *Solanum nigrum* L.

形态特征

茄属，一年生草本。株高 30 ～ 100 厘米。茎直立，多分枝，绿色或紫色，近无毛或被微柔毛。叶片卵形，长 2.5 ～ 10.0 厘米，宽 1.5 ～ 4.0 厘米，顶端短尖，基部楔形或宽楔形，渐狭下延，全缘或具不规则波状粗齿，光滑或两面均被疏短柔毛；叶柄长达 2 厘米。伞形花序侧生或腋外生，有花 4 ～ 10 朵，花序梗长 1.0 ～ 2.5 厘米；花柄长约 1 厘米；花萼杯状，绿色，5 浅裂；花冠白色，辐状，冠檐长约 2.5 毫米，5 深裂，裂片卵状三角形，长约 3 厘米。浆果球状，直径约 8 毫米，熟时黑色。种子近卵形，压扁状。花果期 9—10 月。

分布与生境

全国各地有分布。生于路旁、田野、荒地及村庄附近。

营养与饲用价值

适口性较好，可作猪的饲料。全草可入药，具有清热解毒、活血消肿的功效，可治疗感冒发热、牙痛、支气管炎等。茎、叶煮剂可防治菜青虫与棉蚜。

龙葵的营养成分（每 100 克干物质）

生育期	干物率 /%	粗蛋白 / 克	粗脂肪 / 克	粗纤维 / 克	无氮浸出物 / 克	粗灰分 / 克	钙 / 克	磷 / 克
开花期	20.8	11.1	4.0	27.5	41.5	15.9	1.76	0.71

生境

植株

叶

花

果

玄参科

214. 婆婆纳

拉丁名 *Veronica polita* Fries

形态特征

婆婆纳属，一年生或越年生草本。株高 10 ～ 20 厘米。全株疏生短柔毛；茎自基部分枝，下部伏生地面，斜上。叶在茎基部对生 1 ～ 3 对，上部互生；叶片卵圆形或近圆形，长 6 ～ 10 毫米，边缘有圆齿，顶端急尖，基部圆形；有短柄。总状花序，顶生；苞片叶状。花柄与苞片等长或稍短，长约 1 厘米；花萼 4 深裂几达基部，裂片卵形，长 3 ～ 6 毫米，先端急尖，疏被短硬毛；花冠淡红紫色、蓝色、粉红色或白色，直径 4 ～ 5 毫米，裂片圆形至卵形；雄蕊比花冠短。蒴果近肾形，稍扁，密被柔毛。种子舟状深凹，背面具横纹。花果期 3—10 月。

分布与生境

我国普遍分布。生于路边、田野。

营养与饲用价值

适口性好，猪、禽等均喜食。嫩茎叶可食。全草可入药，具有凉血止血、理气止痛的功效。

生境

植株

花

叶

茎

玄参科

215. 阿拉伯婆婆纳

拉丁名 *Veronica persica* Poir.

形态特征

婆婆纳属，一年生或越年生草本。株高 10 ～ 30 厘米。全株有柔毛。茎自基部分枝，下部伏生地面，斜上，密生 2 列柔毛。茎基部叶对生，上部互生；叶片卵圆或长卵圆形，长 1 ～ 2 厘米，顶端急尖，基部圆形，边缘有钝锯齿，两面疏生柔毛；无柄或上部叶有柄。花单生于苞腋；苞片呈叶状。花柄长 1.5 ～ 2.5 厘米，长于苞片；花冠淡蓝色，有放射状深蓝色条纹；雄蕊短于花冠。蒴果 2 深裂，倒扁心形，宽大于长，有网纹。种子舟状或长圆形，腹面凹入，背面具深横纹。花期 2—5 月。

与婆婆纳形态很相似。区别在于阿拉伯婆婆纳的花梗明显长于苞片（苞叶）；蒴果表面具明显网脉。另外染色体倍数也不同。

分布与生境

在华东、华中，以及广西、贵州、云南、西藏和新疆均有分布。伴生于田间、路旁草地。

营养与饲用价值

饲用性好，猪、禽等喜食。全草可入药，具有清热解毒的功效，对肾虚、风湿等有疗效。

阿拉伯婆婆纳的营养成分（每 100 克干物质）

生育期	干物率 /%	粗蛋白 / 克	粗脂肪 / 克	粗纤维 / 克	无氮浸出物 / 克	粗灰分 / 克	钙 / 克	磷 / 克
营养期	10.1	12.1	2.2	24.3	52.4	9.0	—	—

生境

植株

叶

茎

花

玄参科

216. 水苦荬

拉丁名 *Veronica undulata* Wall.

形态特征

婆婆纳属，一年生或越年生草本。株高 25 ～ 90 厘米。全体无毛，或于花柄及苞片上稍有细小腺状毛。茎直立，富肉质，中空。叶对生，披针形或卵圆形，长 4 ～ 7 厘米，宽 8 ～ 15 毫米，先端钝或尖，全缘或波状齿，基部耳廓状微抱茎上；无柄。总状花序腋生，长 5 ～ 15 厘米；苞片椭圆形，细小，互生；花有柄，花萼 4 裂，裂片狭长椭圆形，先端钝，花冠淡紫色或白色，具淡紫色的线条；雄蕊 2 个，突出；雌蕊 1 个，子房上位，花柱 1 个，柱头头状。蒴果近圆形，常有小虫寄生，寄生后果实常膨大成圆球形。果实内藏多数细小的种子，长圆形，扁平；无毛。花果期 4—8 月。

分布与生境

广布于全国各地区，仅西藏、青海、宁夏、内蒙古未见。生于水边及低湿地。

营养与饲用价值

植株鲜嫩，可作家畜饲料。全草可入药，具有清热利湿、止血化瘀的功效。

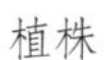

植株

茎

花

叶

花序

车前科

217. 车 前

拉丁名 *Plantago asiatica* L.

形态特征

车前属，多年生草本。株高 20 ～ 60 厘米。全株光滑或稍有短毛。根茎短而肥厚，具多数须根。叶基生，根出，外展；叶片长 4 ～ 12 厘米，宽 4 ～ 9 厘米，全缘或有波状浅齿，基部狭窄至叶柄，叶柄和叶片几等长，基部扩大成鞘。穗状花序，长 20 ～ 30 厘米，花序梗较叶片短或超出，有浅槽；花排列不紧密；苞片宽三角形，比萼片短，龙骨突起宽厚，绿色。花柄短；花冠绿白色，冠筒与萼片约等长，裂片狭三角形，披针形；花药白色。蒴果椭圆球状，近中部开裂，基部有不脱落的花萼，果内有种子 6 ～ 8 个。种子细小，黑色。花果期 4—8 月。

分布与生境

遍布全国各地。生于圃地、荒地或路旁。

营养与饲用价值

幼叶猪、禽喜食。全株味甘，性寒。具有祛痰、镇咳、平喘等功效。

车前的营养成分（每 100 克干物质）

生育期	干物率 /%	粗蛋白 / 克	粗脂肪 / 克	粗纤维 / 克	无氮浸出物 / 克	粗灰分 / 克	钙 / 克	磷 / 克
抽薹期	20.4	10.1	4.6	18.6	51.1	15.6	3.85	0.08

生境

植株

叶

花

茜草科

218. 猪殃殃

拉丁名 *Galium spurium* L.

形态特征

拉拉藤属，一年生攀援草本。株高达 50 厘米。茎自基部分枝，四棱状，棱上有倒生的细刺。叶常 6 ~ 8 片轮生，叶片纸质，狭倒披针形至长圆形，长 1 ~ 5 厘米，宽 1 ~ 7 毫米，先端锐尖，有刺尖，叶面具短硬毛，叶背中脉被反曲的小皮刺及叶缘具细刺毛，叶脉 1，边缘平薄外卷，无柄。聚伞花序顶生或腋生，无毛或具小皮刺；具花 2 ~ 10 朵。苞片或无，1 ~ 5 毫米。花柄长 0.5 ~ 15.0 毫米，花萼被钩毛；花冠黄绿色或白色，辐状，裂片 4，三角形或卵形。分果近球状或宽肾状，直径 1 ~ 3 毫米，密生钩毛；果柄直生。花果期 3—7 月。

分布与生境

分布于华东各地区。生于山坡林缘、荒地、农田、园圃、沟边、河滩等地。

营养与饲用价值

植株幼嫩时可作家畜的粗饲料。全草有清热解毒、利尿消肿的功效。

猪殃殃的营养成分（每 100 克干物质）

生育期	干物率 /%	粗蛋白 / 克	粗脂肪 / 克	粗纤维 / 克	无氮浸出物 / 克	粗灰分 / 克	钙 / 克	磷 / 克
开花期	19.5	13.6	1.7	28.1	46.9	9.7	—	—

生境

植株

叶

茎

鸭跖草科

219. 鸭跖草

拉丁名 *Commelina communis* L.

形态特征

鸭跖草属，一年生草本。株高 20 ~ 60 厘米。茎多分枝，基部匍匐，节上生根，被短毛。单叶，互生；叶片披针形或卵状披针形，长 4 ~ 9 厘米，宽 1.5 ~ 2.0 厘米；无柄。总苞片佛焰苞状，有柄，柄长 1.5 ~ 4.0 厘米，与叶对生，佛焰苞展开后为心形，顶端短急尖，基部心形，长 1.2 ~ 2.0 厘米，边缘对合折叠，基部不相连，边缘有毛；聚伞花序，下面一枝仅有 1 朵不孕花，花柄长 8 毫米，上面一枝有 3 ~ 4 朵花，花柄短，几不出佛焰苞。花柄果期弯曲；萼片膜质，长约 5 毫米，内面 2 枚常靠近或合生；花瓣深蓝色，内面 2 枚具爪，长约 1 厘米。蒴果椭圆球状，2 室，2 爿裂，每室有 2 个种子。种子棕黄色。花果期 6—10 月。

分布与生境

分布于华东各地区。生于路旁、田埂、山坡、林缘阴湿处。

营养与饲用价值

适口性中上等，可作家畜的饲料。全草具有消肿利尿、清热解毒的功效。

鸭跖草的营养成分（每 100 克干物质）

生育期	干物率 /%	粗蛋白 / 克	粗脂肪 / 克	粗纤维 / 克	无氮浸出物 / 克	粗灰分 / 克	钙 / 克	磷 / 克
营养生长期	15.1	9.9	3.5	19.6	52.8	14.2	1.24	0.33

生境

植株

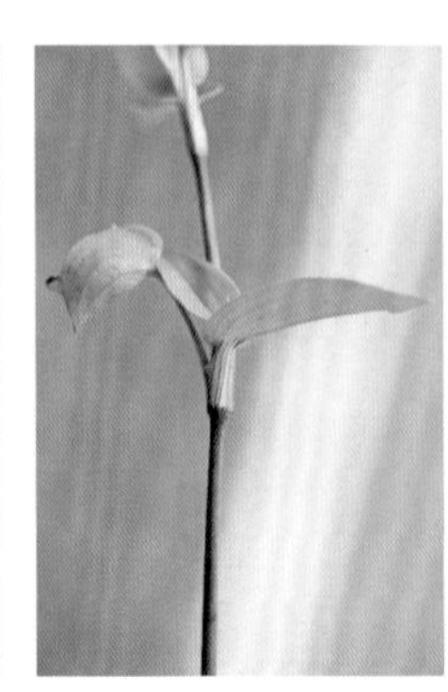
茎

叶

花

柳叶菜科

220. 假柳叶菜

拉丁名 *Ludwigia epilobioides* Maxim.

形态特征

丁香蓼属，一年生草本。株高 30 ～ 150 厘米。茎粗 3.0 ～ 1.2 厘米，直立，四棱形，带紫红色，多分枝。叶狭椭圆形至狭披针形，长 3 ～ 10 厘米，宽 0.7 ～ 2.0 厘米；叶柄长 4 ～ 13 毫米；托叶小，卵状三角形；花瓣黄色，倒卵形，长 2.0 ～ 2.5 毫米，宽 0.8 ～ 1.2 毫米，先端圆形，基部楔形；雄蕊与萼片同数。蒴果近无梗，长 1.0 ～ 2.8 厘米，熟时淡褐色，内果皮增厚变硬成木栓质，果圆柱状，表面平滑；果皮薄，熟时不规则开裂。种子狭卵球状，长 0.7 ～ 1.4 毫米，宽 0.3 ～ 0.4 毫米，表面具红褐色纵条纹，其间有横向的细网纹；种脊不明显。花果期 8—11 月。

分布与生境

分布于江苏、安徽、浙江、江西、福建、台湾、广东、海南、河南、山东等地区。生于湖、塘、稻田、溪边等湿润处。

营养与饲用价值

嫩枝叶可作饲料。全草可入药，具有清热利水、止痢的功效。

生境

植株

果

花

叶

江苏省金陵科技著作出版基金

ISBN 978-7-5713-3269-3

定价：235.00 元